机电一体化系统设计探析

化雪荟 董作峰 温紫玲 著

东北林业大学出版社
Northeast Forestry University Press
·哈尔滨·

内容简介

本书从"系统"的观点出发，利用机械技术、微机控制技术和信息技术，通过"一体化"即机电有机结合的方法，构造系统（或产品）对组成产品机械系统的元、部件和微机控制系统的元、器件的工作原理、特点、选用原则与方法进行了论述，对其静、动态特性进行了简要分析，并从机电有机结合（机电一体化）的角度，对系统（产品）的稳态设计与动态设计方法做了较详细介绍。全书共七章，内容包括：机电一体化系统设计概述、机电一体化系统总体设计、机电一体化机械系统设计、机电一体化动力系统、机电一体化检测系统设计、机电一体化控制系统设计以及机电一体化典型系统设计。本书注意理论与实际的结合，重视解决工程实际问题，并力求做到突出重点，层次分明，语言易懂，以便于读者自学。本书内容翔实，理论联系实际，实用性强，可作为本科院校的机械设计制造及其自动化、机械电子工程、机械工程、工业工程、智能制造工程等专业的教材，也可以作为高职院校机电一体化技术等专业的教材，还可以作为机电一体化系统设计或产品开发人员的参考用书。

图书在版编目（ＣＩＰ）数据

机电一体化系统设计探析/化雪荟,董作峰,温紫玲著.--哈尔滨:东北林业大学出版社，2023.12

ISBN 978-7-5674-3419-6

I.①机....Ⅱ.①化...②董...③温...Ⅲ.①机电一体化-系统设计Ⅳ.①TH-39

中国国家版本馆CIP数据核字(2024)第014806号

责任编辑: 姚大彬
封面设计: 郭　婷
出版发行: 东北林业大学出版社（哈尔滨市香坊区哈平六道街 6 号邮编: 150040）
印　　装: 廊坊市瑞德印刷有限公司
开　　本: 185 mm × 260 mm　16 开
印　　张: 15
字　　数: 357 千字
版　　次: 2023 年 12 月第 1 版
印　　次: 2024 年 2 月第 1 次印刷
书　　号: ISBN 978-7-5674-3419-6
定　　价: 96.00 元

如发现印装质量问题,请与出版社联系调换。

前言

机电一体化是一门多学科融合构成的交叉学科,涉及的关键技术包括机械加工技术、微电子技术、计算机信息技术、自动控制技术、传感检测技术、伺服传动技术等。随着计算机信息技术的迅猛发展,各种技术相互融合、相互渗透得越来越快,也越来越深入,因此带来了机电一体化技术的飞速发展。

本书以高等职业教育人才培养目标为导向,考虑了学生应当具备基础理论知识适度、技术应用能力强、知识面宽、素质高的要求,从系统的角度出发,本着"以机为主,以电为用"的原则对机电一体化系统进行介绍。

全书内容安排如下:

第一章主要讲述机电一体化的基本概念,机电一体化系统的组成要素、共性技术、设计方法,以及机电一体化的发展趋势,使学生理解机电一体化的定义、内涵和外延,了解机电一体化系统的一般组成和其中的关键技术,知道常用的机电一体化系统设计方法,并了解机电一体化的未来发展方向。

第二章主要讲述机电一体化系统设计依据及评价标准、机电一体化系统总体设计方法和机电有机结合方法。机电一体化系统总体设计包括系统原理方案设计、结构方案设计、测控方案设计;机电有机结合设计主要包括稳态设计和动态设计两方面。通过对本章的学习,学生应理解机电一体化系统总体设计方法,掌握机电一体化系统总体设计的基础知识和设计过程,会对机电一体化产品进行总体设计、稳态设计和动态设计。

第三章主要讲述机电一体化系统(精密)机械部件设计,使学生理解机电一体化系统机械部件的概念及任务。通过对本章的学习,学生应在机械系统力学特性基础上,掌握机械传动系统的类型、特点及要求,完成机械传动部件、导向机构及执行系统的设计。

第四章主要讲述机电一体化系统中动力系统的特性和驱动方法,使学生了解伺服系统的基本概念,掌握电气类动力元件的原理和特性,掌握动力元件的驱动和控制方法,掌握动力元件的选型原则和控制用电动机的选型方法。

第五章主要讲述传感器的基本概念,机械控制、健康监测和智能系统常用传感器,检测系统设计与分析,现代信息处理技术及智能传感器应用,使学生理解检测系统设计方法,掌握传感器与检测系统设计基本概念与基础知识,熟悉数控机床和机器人等检测系统设计。

第六章将介绍机电一体化控制系统的主要内容以及控制系统的设计与建模、常用控制器与接口、控制算法等内容。通过对本章的学习,学生应掌握机电一体化控制系统的组成、选型方法、设计方法、建模方法等,重点掌握常用控制器硬件、软件设计方法与流程,能够完成机电领域工程问题的机电一体化控制系统构建与实验验证。

第七章主要讲述系统设计方法,数控机床、工业机器人和工程机械的机电一体化系统设计。通过对本章的学习,学生应掌握机电一体化系统设计理论、方法和技术在典型行业的应用,了解高端数控机床现代化设计的新技术、工业机器人系统设计的特点和要点、矿用重大型机械的机电一体化设计。

本书由佛山职业技术学院化雪荟、山西工程技术学院董作峰、广州市增城区职业技术学校温紫玲著。具体撰写分工如下:化雪荟负责第五章至第七章的撰写工作,董作峰负责第三章和第四章的撰写工作,温紫玲负责第一章和第二章的撰写工作。化雪荟负责全书的统稿和修改。

在编写过程中,编著者参阅了大量相关书籍和学术论文,书中部分资料来源于互联网,编著者在此对相关作者一并表达诚挚的谢意。由于机电一体化涉及的学科较多,受编著者的水平和经验所限,书中难免存在疏漏之处,恳请各位读者和专家批评指正。

目录

第一章　机电一体化系统设计概述

随着计算机、信息技术和物联网的迅猛发展和广泛应用，机电一体化技术获得了前所未有的发展，成为一门综合计算机与信息技术、自动控制技术、传感检测技术、伺服传动技术和机械技术等的系统技术，正向光机电一体化、微机电一体化和智能机电一体化的方向发展，应用范围越来越广。现代化的自动生产设备几乎可以说都是机电一体化的设备，如数控机床、机器人等。"机电一体化"是一个处于不断演进中的概念，为了准确理解它的内涵和外延，本书结合典型的机电一体化系统，剖析机电一体化系统的组成要素和其中的关键技术，研究机电一体化系统的设计方法，并思考机电一体化的未来发展方向，为机电一体化技术应用和系统设计奠定基础。

第一节　机电一体化的基本概念

一、机电一体化的定义

机电一体化又称"机械电子工程"或"机械电子学"，英文为 mechatronics，由英文机械学 mechanics 的前半部分与电子学 electronics 的后半部分组合而成。总体而言，机电一体化是将广义的"机械"技术和"电"技术进行有机结合的一种综合性技术。广义的"机械"技术是指机械传动、支承和执行，电动机和液压缸等动力元件属于一种广义的机械装置；广义的"电"技术是指与信息获取、变换、处理、控制和驱动相关的软硬件技术，状态监测、诊断与维护属于一种新的"电"技术；"机"与"电"的一体化是通过连接（接口）实现的，接口包括机——机接口、机——电接口、电电接口等，不仅有"硬"接口，还有"软"接口。

机电一体化最早出现在 1971 年日本杂志《机械设计》的副刊上。随着科学技术的快速发展，机电一体化的概念早已被我们广泛地接受，得到普遍应用。早期，日本机械振兴协会经济研究所对机电一体化的定义是：机电一体化是指在机械的主功能、动力功能、信息功能和控制功能上引进微电子技术，并将机械装置与电子装置用相关软件有机结合而构成系统的总称。还有，美国机械工程师协会的定义：机电一体化是指由计算机信息网络协调和控制，用于完成包括机械力、运动和能量流等动力任务的机械和（或）机电部件相互联系的系统。随着机电一体化的发展，普遍认可的机电一体化的定义是：机电一体化是一种技术，是机械工程技术吸收微电子技术、信息处理技术、控制技术、传感技术等而形成的一种新技术。这一概念强调"电"技术对"机械"技术的改造和创新作用，将更多、更先进的"电"技术恰当地用于机械系统中，实现自动化、数字化、信息化和智能化是机电一体化的关键所在。

二、机电一体化的内涵

机电一体化首先是一种"技术",应用该技术能够产生新的"产品"或"系统"。因此,机电一体化具有"技术"和"产品"两个方面的内涵。一方面,是机电一体化技术,主要包括技术原理和使机电一体化产品或系统得以实现、使用和发展的技术,是机械工程技术吸收微电子技术、信息处理技术、控制技术、传感技术等而形成的一种新技术。另一方面,是机电一体化产品,它是通过将应用机电一体化技术设计开发的机械系统和微电子系统有机结合,从而获得新的功能和性能的新一代产品。

1. 功能替代型机电一体化产品

这类产品的主要特征是在原有机械产品的基础上采用电子装置替代机械控制系统、机械传动系统、机械信息处理机构和机械的主功能,实现产品的多功能和高性能。

(1) 将原有的机械控制系统和机械传动系统用电子装置替代。例如,数控机床用微机控制系统和伺服传动系统替代传统的机械控制系统和机械传动系统,在质量、性能、功能、效率和节能等方面与普通机床相比有了很大的提高。电子缝纫机、电子控制的防滑制动装置、电子照相机和全自动洗衣机等都属于功能替代型机电一体化产品。

(2) 将原有的机械信息处理机构用电子装置替代。例如,电子表、电子秤和电子计算器等。

(3) 将原有机械产品本身的主功能用电子装置替代。例如,电火花线切割机床、电火花成形机床和激光手术刀用电的方式代替了原有的机械产品的刀具主功能。

2. 机电融合型机电一体化产品

这类产品是应用机电一体化技术开发出的机电有机结合的新一代产品。例如,数字照相机、数字摄像机、磁盘驱动器、激光打印机、CT 扫描仪、3D 打印机、无人驾驶汽车、智能机器人等。这些产品单靠机械技术或微电子技术无法获得,只有当机电一体化技术发展到一定程度才能实现。

三、机电一体化的外延

随着计算机、信息和通信等领域的科学技术飞速发展,机电一体化技术和系统也取得了突破性进展。机电一体化技术已经从原来的"以机为主"拓展到了"机电融合",并且"电"的作用和价值越来越大;机电一体化产品也不再局限于某一个具体的产品(单机)范围内,而是扩展至产品生产制造甚至使用过程所涉及的各环节组成的整体大系统,如柔性制造系统、计算机集成制造系统和现代智能制造系统,特别是机电一体化系统,它向智能化发展的趋势不可阻挡。

此外,对传统机电设备的自动化、智能化改造,也属于机电一体化的范畴。例如,对普通车床、普通铣床的传动系统进行数控化改造,以提高普通车床、普通铣床的加工效率和质量,是典型的机电一体化改造实例。

目前，人们已经普遍认识到纯机械产品将被越来越多的机电一体化产品取代，机电一体化技术也不是机械技术、微电子技术和其他新技术的简单组合和拼凑，而是有机地互相结合或融合，是有自身客观规律的现代化新技术。因此，机电一体化具有其理论基础、共性技术，以及独有的系统设计理念、思路和方法。

第二节　机电一体化系统的组成要素

一、机电一体化系统的组成单元

以数控机床为例，机电一体化系统包括机械单元、驱动单元、检测单元、控制单元和执行单元五个基本组成要素。

（一）机械单元

机电一体化系统中的机械单元主要是传动、支承部分，包括机械本体、机械传动机构、机械支承机构、机械连接机构。例如，床身、变速齿轮箱、轴承、丝杠、导轨等。

（二）驱动单元

机电一体化系统中的驱动单元是为系统提供能量和动力，使系统正常运转的装置，由动力源、驱动器和动力机等组成，一般分为电、液、气三类。例如，步进电动机、交/直流伺服电动机及其驱动系统。

（三）检测单元

机电一体化系统中的检测单元包括各种传感器及其信号检测电路，用于对系统运行中本身和外界环境的各种参数和状态进行检测，使这些参数和状态变成控制器可识别的信号。传感信息方式有光、电、流体、机械等。例如，检测工作台位置和速度的传感器及其测量系统，以及检测主轴、齿轮箱振动和温度的传感器及其监测系统。

（四）控制单元

机电一体化系统中的控制单元用于处理来自各传感器的信息和外部输入命令，并根据处理结果，发出相应的控制指令，控制整个系统，使系统有目的地运行。控制单元一般为单片机、计算机、可编程序控制器等。例如，西门子、发那科、华中数控、广州数控等机床专用数控系统。

（五）执行单元

机电一体化系统中的执行单元根据控制指令，通过动力传输来驱动执行机构完成动作，是实现目的功能的直接参与者。执行单元性能的好坏决定着系统性能。例如，机床的刀具系统、机器人的末端机构。

机电一体化系统的以上组成要素都具有各自相应的独立功能，即构造功能、驱动功能、检测功能、控制功能和执行功能，它们在工作中各司其职、互相补充、互相协调，共同完成所规定的目的功能。

二、机电一体化系统的单元接口

从广义上讲，机电一体化系统是人-机电-环境这个超系统的子系统。因此，可将机电一体化系统称为内部系统，将人与环境构成的系统称为外部系统。内部系统与外部系统之间存在着一定的联系，它们相互作用、相互影响。

机电一体化系统的组成要素之间需要进行物质、能量和信息的传递和交换。因此，机电一体化各组成要素之间必须具备一定的联系条件，该联系条件即为接口。从系统内部看，机电一体化系统是通过许多接口将系统组成要素的输入和输出联系为一体的系统。基于此观点，系统的性能取决于接口的性能，各组成要素之间的接口性能是系统性能好坏的决定因素。从某种意义上讲，机电一体化系统的设计关键在于接口设计。

根据接口的输入/输出功能，可将接口分为机械接口、物理接口、信息接口和环境接口四种。

（一）机械接口

机械接口主要是检测单元、驱动单元与机械单元之间的接口，具体是指根据输入/输出部位的形状、尺寸、精度、配合、规格等进行机械连接的接口。例如，传感器在执行机构上的安装接口、电动机与传动轴连接所用的各种装置、接线柱、插头、插座等。

（二）物理接口

物理接口主要是动力源与检测单元、控制单元之间的接口，具体是指受通过接口部位的物质、能量与信息的具体形态和物理条件约束的接口。例如，受电压、电流、扭矩、压力和流量等约束的接口，各种供电接口，以及电磁阀等。

（三）信息接口

信息接口主要是检测单元、驱动单元与控制单元之间的接口，具体是指受标准、规格、法律、语言和符号等逻辑或软件约束的接口。例如，受国家标准 GB、国标标准 ISO、ASCII 码、RS-232C、C 语言等约束的接口。

（四）环境接口

环境接口主要是检测单元与机械单元之间的接口，具体是指对周围环境条件（温度、湿度、磁场、火、振动、放射能、水、气、灰尘）有保护作用和隔绝作用的接口。例如，防尘过滤器、防水连接器、防爆开关等。

第三节 机电一体化系统的共性技术

根据机电一体化的内涵和外延以及系统设计与运行的过程，现代机电一体化系统的共性技术包括总体技术、机械技术、驱动技术、检测技术和控制技术等。

一、总体技术

机电一体化系统总体技术是指从系统整体目标出发，用系统工程的观点和方法，将总体分解成若干功能单元，找出能完成各个功能的技术方案，再将功能和技术方案组合成方案组进行分析、评价和优选的综合运用技术。

机电一体化系统总体技术的内容很多，如总体方案技术、机电有机结合技术、单元接口技术、软件架构技术、微机应用技术，以及控制系统成套和成套设备自动化、智能化技术等。总体方案是整个系统设计的纲领，其中原理方案的设计是否合理决定着系统应用的成败。因此，方案设计要求设计人员具有极强的宏观思维和创新思维以及丰富的设计开发经验，与其他单元性的技术有显著的不同。机、电两部分在稳态、动态特性方面的匹配设计是一项重要内容，体现了机电有机结合的一体化设计思想，能够保证系统特性的最优化。即使各个部分的性能和可靠性都很好，如果整个系统不能很好地协调，系统也很难保证正常地运行。因此，单元间的接口技术是系统总体技术中极其重要的内容，是实现系统各部分有机连接的重要保障。

机电一体化系统总体技术是最能体现机电一体化特点的技术，它的原理和方法还在发展和完善中。

二、机械技术

机械技术是机电一体化中的基础技术，涉及传动、支承和执行等诸多方面的具体技术。机电一体化系统中的机械技术关注的是从系统最优设计的角度来设计或选择机械单元的实现方案，着眼点在于机械技术如何与机电一体化技术相适应、机械和电的技术如何更好地结合，不同于一般的机械零部件设计。

机械单元的结构、质量、体积、刚性和耐用性对机电一体化系统有着很重要的影响。例如，导轨、丝杠、轴承和齿轮等部件的结构设计，材料的选用和制造质量对机电一体化系统的性能影响极大。可利用其他一些高新技术来更新概念，实现机械结构、材料和性能的变更，从而满足减轻质量、缩小体积、提高精度、增大刚度和改善性能等方面的要求。例如，结构轻量化设计、齿轮和丝杠的消隙设计、高刚度支承设计和电磁轴承取代滚/滑动轴承以减小摩擦的设计，都是机电一体化系统中典型的机械技术。

设计人员在进行机电一体化系统机械单元设计时，不仅要考虑采用新材料和新结构，以及在制造时采用新工艺，使零件模块化、标准化和规格化，提高装配和维修效率，还要考虑整体构型是否合理、机器与人是否和谐等因素。

三、驱动技术

伺服系统是使执行机构的位置、方向、速度等输出能跟随输入量或给定值的任意变化而变化的自动控制系统。驱动技术就是面向伺服系统设计的核心技术。伺服传动或驱动技术是实现从控制信号到机械动作的控制转换技术，对机电一体化系统的动态特性、控制质量和技术功能具有决定性的影响。

伺服传动装置包括动力源、驱动器和机械传动装置。控制系统通过接口与伺服传动装置相连接，控制伺服传动装置的运动，使执行机构进行回转、直线运动和其他运动。常用的伺服驱动装置主要有电液马达、脉冲油缸、步进电动机、直流伺服电动机和交流伺服电动机，它们不同于常规的电、液动力装置。由于变频技术的进步，交流伺服驱动技术取得了突破性进展，为机电一体化系统提供了高质量的伺服驱动单元，极大地促进了机电一体化技术的发展。

相比之下，伺服机械传动装置的发展要落后于伺服驱动装置，伺服机械传动装置有时满足不了高端机电一体化系统的精密设计需求。深入研究伺服机械传动技术，用伺服机械传动代替传统机械传动，是机电一体化技术对传统机械系统进行智能化改造的必然选择。

四、检测技术

检测技术是传感技术和信息处理技术的综合，是机电一体化技术发展最快、最活跃的领域。

传感器是机电一体化系统的感受器官，它与系统的输入端相连并将检测到的信号输送至信息处理部分。传感和检测是实现自动控制、自动调节的关键环节，检测精度的高低直接影响机电一体化系统的好坏。现代工程技术要求传感器能够快速、精确地获取丰富的信息，并且经受住各种严酷使用环境的考验。不少机电一体化系统难以达到满意的效果或无法实现预期设计的关键原因主要是没有合适的传感器。因此，大力开展传感器研发对机电一体化技术的发展具有十分重要的意义。

信息处理技术包括对传感器获得的信息进行预处理、数字化、运算分析、存储和输出等技术。信号的处理和分析是否恰当、准确、可靠和高效，直接影响机电一体化系统的性能，因此，信息处理技术是机电一体化的关键技术之一。信息处理的硬件主要是计算机，另外还需要输入/输出设备和接口等。信息处理的软件主要是人工智能技术、专家系统技术、神经网络技术、网络与通信技术和数据库技术等。

对于智能化的机电一体化系统，检测技术还需要智能传感器技术、多信息融合技术、运行状态智能监测技术、诊断与维护技术，系统的健康状态监控是系统智能是否可靠的关键保障技术。例如，通过分布式无线振动传感器对高端数控机床的主轴、进给单元等进行运行状态实时监测通过信息处理和分析技术识别其状态，找到故障部位和原因，并采用主动平衡、可调阻尼和误差补偿等技术进行主动修正，可实现加工过程的在线不停机维护，保证机床的连续、可靠工作

五、控制技术

控制理论分为经典控制理论和现代控制理论两大类别。经典控制理论主要研究系统的运动稳定性、时间域和频率域中系统的运动特性（过渡过程、频率响应）、控制系统设计原理和校正方法等，包括线性控制理论、采样控制理论、非线性控制理论等。1960 年前后，出现了以状态空间法为基础和以最优控制理论为特征的现代控制理论。在现代控制理论中，对控制系统的分析和设计主要通过对系统的状态变量进行描述来进行，基本方法是时间域方法。现代控制理论所能处理的控制问题比经典控制理论所能处理的控制问题广泛得多，包括线性系统和非线性系统、定常系统和时变系统、单变量系统和多变量系统，现代控制理论更适合在数字计算机上处理问题。

运用控制理论对具体的控制装置和系统进行设计，涉及高精度定位控制技术，速度控制技术，自适应控制技术，控制系统的自诊断、自校正、自补偿技术，以及现代控制技术等。控制技术的难点是现代控制理论的工程化和实用化，以及优化控制模型的建立和复杂控制系统的模拟仿真等。由于微机的广泛应用，自动控制技术越来越多地与计算机控制技术联系在一起，成为机电一体化中十分重要的关键技术。常用的控制器有单片机、STD 总线控制系统、普通 PC 控制系统、工业 PC 控制机和可编程控制器等。根据传感器的安装位置和控制系统的结构，还可以采用开环控制、半闭环控制和闭环控制等不同策略。

六、机电一体化技术与其他技术的区别

机电一体化技术有着自身的显著特点和技术范畴，想要正确理解和恰当运用机电一体化技术，必须认识机电一体化技术与其他技术之间的区别。

（一）机电一体化技术与传统机电技术的区别

传统机电技术的操作控制主要通过以电磁学原理为基础的各种电器（如继电器、接触器等）实现，在设计中不考虑或很少考虑彼此间的内在联系，机械本体和电气驱动界限分明，整个装置是刚性的，不涉及软件和计算机控制。机电一体化技术以计算机为控制中心，在设计过程中强调机械部件和电学部件间的相互作用和影响，整个装置在计算机控制下具有一定的智能性。

（二）机电一体化技术与自动控制技术的区别

自动控制技术的重点是讨论控制原理、控制规律、分析方法和自动系统的构造等。机电一体化技术是将自动控制原理及方法作为重要支撑技术，将自控部件作为重要控制部件，应用自控原理和方法对机电一体化系统进行分析和性能测算。

（三）机电一体化技术与计算机应用技术的区别

机电一体化技术只是将计算机作为核心部件应用，目的是提高和改善系统性能。计算机在机电一体化系统中的应用仅是计算机应用技术中的一部分，它还可在办公、

管理及图像处理等方面广泛应用。机电一体化技术研究的是机电一体化系统，而不是计算机应用本身。

第四节 机电一体化系统的设计类型和设计方法

一、机电一体化系统的设计类型

（一）开发性设计

在进行机电一体化系统开发性设计时，没有可以参照的同类产品，仅根据工程应用的技术要求，抽象出设计原理和要求，设计出在性能和质量上能够满足目的要求的产品。机电融合型产品的设计就属于开发性设计，开发性设计通常可以申请发明专利。

（二）适应性设计

在进行机电一体化系统适应性设计时，在总体原理方案基本保持不变的情况下，对现有产品进行局部改进，采用现代控制伺服单元代替原有机械结构单元。功能替代型产品的设计就属于适应性设计，适应性设计根据创新程度可以申请发明专利或实用新型专利。

（三）变异性设计

在进行机电一体化系统变异性设计时，在产品设计方案和功能不变的情况下，仅改变现有产品的规格尺寸和外形设计等，使之适应于不同场合的要求。例如，便携式计算机的设计就属于变异性设计。变异性设计通常可以申请外观设计专利。

二、机电一体化系统的设计方法

（一）系统工程与并行工程

1. 系统工程

1978 年，我国著名科学家钱学森指出：系统工程是组织管理系统的规划、研究、设计、制造、试验和使用的科学方法，是一种对所有系统都具有普遍意义的方法。它是以大型复杂系统为研究对象，按一定目的进行设计、开发、管理与控制，以期达到总体效果最优的理论与方法。一个系统的运行有两个相悖的规律。一是整体效应规律：系统各单元有机地组合成系统后，各单元的功能不仅相互叠加，而且相互辅助、相互促进与提高，使系统整体功能大于各单元功能的简单之和，即"整体大于部分和"。另一个相反的规律是系统内耗规律：由于各单元的差异，在组成系统后，若对各单元的协调不当或约束不力，会导致单元间的矛盾和摩擦，出现内耗，内耗过大，可能出现"整体小于部分和"的情况。机电一体化系统设计是一项系统工程，因此在设计时应自觉运用系统工程的观念和方法，把握好系统的组成和作用规律，以实现机电一体化系统功能的整体最优化。

2. 并行工程

1988 年，美国国家防御分析研究所完整提出了并行工程的概念，即"并行工程是集成地、并行地设计产品及其相关过程（包括制造过程和支持过程）的系统方法"。这种方法要求产品开发人员在一开始就考虑产品整个生命周期中从概念形成到产品报废的所有因素，包括质量、成本、进度计划和用户要求。并行工程的目标为提高质量、降低成本、缩短产品开发周期和产品上市时间。并行工程的具体做法是：在产品开发初期，组织多种职能协同工作的项目组，使有关人员从一开始就获得对新产品需求的要求和信息，积极研究涉及本部门的工作业务，并将所需要求提供给设计人员，使许多问题在开发早期就得到解决，从而保证设计的质量，避免大量的返工浪费。将并行工程的理念引入机电一体化系统的设计中，可以在设计系统时把握好整体性和协调性原则，对设计的成功起到关键性的作用。

（二）仿真设计

仿真设计是将仿真技术应用于设计过程，最终获得合理的设计。随着系统建模方法的发展，仿真设计在机电一体化系统设计中得到了广泛应用。仿真设计的基本步骤如下。

1. 建立系统数学模型

机电一体化系统仿真设计的关键是建立逼近真实情况的仿真模型。仿真模型可以是物理模型，也可以是对物理模型进行抽象的数学模型。建立数学模型的基本方法主要有解析法和数值法两种，解析法用于可建立系统精确数学模型的简单系统，数值法用于无法建立系统精确数学模型的复杂系统。物理模型通常用于解决复杂系统的设计问题。例如，齿轮传动系统的动力学仿真，可以将齿轮轮齿简化为悬臂梁按照力学知识进行解析求解，也可以在动力学软件中建立齿轮对应的悬臂梁的结构进行分析计算，还可以直接建立齿轮的轮齿进行更真实的三维分析。

根据设计目的的不同，仿真可以分为机械结构仿真、电路设计仿真、信号处理仿真和控制方法仿真等。其中，机械结构仿真又根据不同的物理场分为固体力学场仿真、流体力学场仿真、热学场仿真、电学场仿真、磁学场仿真和多场耦合仿真等。例如，电动机的设计需要进行转子-轴承系统的动力学仿真、电动机定子冷却与轴承润滑的流场仿真、温度场仿真、驱动电路仿真、定转子磁场仿真以及热固耦合变形分析、场路耦合电磁设计等。

广义的仿真技术还包括半物理仿真、实验仿真等，采用部分物理样机和控制程序相结合的仿真方法，或缩小比例的实验样机，实现对真实系统的设计研究。

2. 开发系统仿真程序

仿真模型的求解首先需要选择合适的仿真算法及程序语言，将仿真模型转换为计算机程序。进行机械结构仿真的工具主要有 SOLIDWORKS、PRO/E、ADAMS、ROMAX、ABAQUS、ANSYS、COMSOL 等。电路设计仿真主要通过 PROTEL、ORCAD 等进行测控电路的仿真。信号处理仿真主要通过 MATLAB、LABVIEW、PYTHON 等进行动态信号处理算法的仿真。控制方法仿真主要通过 C、MATLAB/SIMULINK、LABVIEW 等进行各种控制方法的仿真。其中：通过 C、MATLAB、PYTHON 等语言开发程序难度较大，但灵活可控；而通过其他平台进行仿真容易上手，但可控性相对较差。

3. 进行系统仿真计算

基于仿真程序，利用计算机完成计算，获得初步设计方案。对仿真模型的求解，根据所用的工具或平台不同，有些需要设计者自己编写求解代码，如 C 语言；有些也需要设计者自己编写求解程序，但相对简单，如 MATLAB；还有些无须设计者自己编写代码，只需按步骤进行操作，如 ANSYS。在进行仿真研究时，通常采用变量控制方法和优化设计方法。变量控制方法是保持其他参量不变，每次只改变一个参量来进行该参数取多个不同值的结果对比，以确定该参量对设计方案的影响规律和合理的取值范围；优化设计方法是将该参量作为优化参数，开发自动优化程序，通过计算机自动实现最优参数的求解和确定。

4. 进行仿真结果评价

对仿真得出的初步设计方案需要进行综合评价与决策。评价的目标可以是体积/质量、性能或成本，以求得轻量化设计、性能最优设计或低成本设计，性能设计还存在单一性能最优或多个性能综合最优的问题。采用不同的工具或平台，评价方法略有差异，通过用 C、MATLAB 等编写代码的方式可以容易地自主设计评价方案，方案灵活可控；而通过 ADAMS、ANSYS 等平台，需要每次修改模型且求解过程是个"黑箱"，只能通过经验或多次尝试进行方案调整，以实现设计结果的评价。

（三）可靠性设计

机电一体化系统的可靠性是指在规定条件和时间内完成规定功能的概率，可用系统的可靠度、失效率、寿命、维修度和有效度来评价。可靠性设计是指在系统设计过程中为消除潜在缺陷和薄弱环节、防止故障发生，以确保满足规定的固有可靠性要求所采取的技术活动。可靠性设计是可靠性工程的重要组成部分，是实现产品固有可靠性要求最关键的环节，是在可靠性分析的基础上通过制定和贯彻可靠性设计准则来实现的。在系统研制过程中，常用的可靠性设计原则和方法有元器件选择和控制、热设计、简化设计、降额设计、冗余和容错设计、环境防护设计、健壮设计和人为因素设计等。系统的可靠性设计贯穿设计、制造和使用等各个阶段，但主要取决于设计阶段。

1. 可靠性设计的内容

可靠性设计的主要内容有以下三项。

（1）建立可靠性模型，进行可靠性指标预计和分配。要进行可靠性指标预计和分配，首先应建立可靠性模型。为了选择方案、预测可靠性水平、找出薄弱环节以及逐步合理地将可靠性指标分配到系统各个层面，应在系统设计阶段反复多次进行可靠性指标预计和分配。随着技术设计不断深入和成熟，建模和可靠性指标预计、分配也应不断修改和完善。

（2）进行各种可靠性分析。进行故障模式影响和危机度分析、故障树分析、热分析、容差分析等，以发现和确定薄弱环节，在发现隐患后通过改进设计，消除隐患和薄弱环节。

（3）采取各种有效的可靠性设计方法。制定和贯彻可靠性设计原则，把可靠性设计方法和系统性能设计结合，减少系统故障的发生，最终实现可靠性要求。

2. 提高可靠性的方法

进行机电一体化系统的开发性设计时，主要从以下三个方面提高可靠性。

（1）系统的可靠性分析与预测。对构成系统的部件和子系统进行分析，对影响系统功能的子系统应采取预防和提高可靠性的措施，在分析和预测中充分运用各种行之有效的方法，确保系统设计的可靠性。

（2）提高系统薄弱环节的可靠性。系统故障往往是由某个薄弱环节造成的，在设计时应根据具体情况采用不同措施提高薄弱环节的可靠性。例如，选择可靠性高的器件，采用冗余配置，加强对失效率高的器件的筛选和试验，采用最佳组合设计法等。

（3）加强系统的可靠性管理。机电一体化系统的特点是技术要求高、材料新、工艺新，所以它的可靠性管理工作更为重要。对大型机电一体化系统和精密机电一体化系统，应设立管理机构，按可靠性管理规程进行监管，确保所设计的系统可靠。

（四）反求设计

反求设计又称为逆向设计，属于反向推理、逆向思维体系。反求设计是以现代设计理论、方法和技术为基础，运用各种专业人员的工程设计经验、知识和创新思维，对已有产品或系统进行剖析、重构和再创造的一种设计方法。反求设计是设计者根据现有机电一体化系统的外在功能特性，利用现代设计理论和方法，设计能实现外在功能特性要求的内部子系统并构成整个机电一体化系统的设计。再具体一点，反求设计是设计者对产品实物样件表面进行数字化处理（数据采集、数据处理），并利用可实现逆向三维造型设计的软件来重新构造实物的 CAD 模型（曲面模型重构），并进一步用 CAD/CAE/CAM 系统实现分析、再设计、数控编程、数控加工的过程。反求设计广泛应用于曲线、曲面的设计，如凸轮、叶片、汽车轮廓和船体轮廓等。

第五节　机电一体化的现状与发展趋势

机电一体化是其他高新技术发展的基础，它的发展又依赖于其他相关技术的发展。可以预料，随着信息技术、材料技术、生物技术等新兴学科的飞速发展，在数控机床、机器人、微机械、家用智能设备、医疗设备、现代制造系统等产品及领域，机电一体化技术将得到更加蓬勃的发展。

一、机电一体化的发展现状

近年来，随着人工智能、大数据、云计算和物联网技术的巨大进步，催生了第四次工业革命——"工业4.0"，在此背景下，机电一体化技术向大规模智能化方向发展。由于机电一体化技术对现代工业和技术发展具有巨大的推动力，因此世界各国均将它作为工业技术发展的重要战略之一，我国于2015年也制定了"中国制造2025"战略。表1-1详细对比了中国制造2025、德国工业4.0和美国制造业复兴的战略内容、特征等信息，从这些内容来看，整个工业领域正在经历一场制造业的大变革，这个大变革将引领传统制造业迈向定制化、信息化、数字化和绿色化。

表1-1　中国、德国及美国制造战略对比

项目	中国制造2025	德国工业4.0	美国制造业复兴
发起者	工信部牵头，中国工程院起草	联邦教研部与联邦经济技术部资助，德国工程院、弗劳恩霍夫协会、西门子公司建议	智能制造领袖联盟（SMLC）、26家公司、8个生产财团、6所大学和1个政府实验室
发起时间	2015年	2013年	2011年
定位	国家工业中长期发展战略	国家工业升级战略，第四次工业革命	美国"制造业回归"的一项重要内容
特点	信息化和工业化深度融合	制造业和信息化结合	工业互联网革命，倡导将人、数据和机器连接起来
目的	增强国家工业竞争力，在2025年迈向制造强国行列，建国100周年时占据世界强国领先地位	增强国家制造业竞争力	专注于制造业、出口、自由贸易和创新，提升美国竞争力
主题	互联网十智能制造	智能工厂、智能生产、智能物流	智能制造
实现方式	通过智能制造，带动产业数字化、智能化水平提高	通过价值网络实现横向集成、工程端到端数字集成横跨整个价值链、垂直集成和网络化制造系统	以"软"服务为主，注重软件、网络、大数据等对工业领域服务方式的颠覆

二、机电一体化的发展趋势

（一）智能化

智能化是机电一体化技术的重要发展方向。这里所说的"智能化"是对机器行为的描述，是在控制理论的基础上，吸收人工智能、运筹学、计算机科学、模糊数学、心理学、生理学和混合动力学等新思想、新方法，模拟人类智能，使机器具有判断推测、逻辑思维、自主决策等能力，以求得到更高的控制目标。诚然，使机电一体化产品具有与人类完全相同的智能是不可能的，但高性能、高速度微处理器可使机电一体化产品被赋予低级智能或人的部分智能。

（二）模块化

机电一体化产品的种类和生产厂家繁多，研制和开发具有标准机械接口、电气接口、动力接口、环境接口的机电一体化产品单元是复杂而又重要的任务。研制集减速、智能调速、电动机于一体的动力单元，具有视觉、图像处理、识别和测距的控制单元，以及各种能完成典型操作的机械装置等标准单元，有利于迅速开发出新的产品，同时可以扩大生产规模。标准的制定对于各种部件、单元的匹配和接口来说是非常重要和关键的，它的牵扯面广，有待进一步协调。无论是对生产标准机电一体化单元的企业来说，还是对生产机电一体化产品的企业来说，模块化都将为其带来好处。

（三）网络化

网络技术的兴起和飞速发展给科学技术、工业生产及人们的日常生活带来了巨大变革。各种网络将全球经济、生产连成一片，企业间的竞争也日益全球化。由于网络的普及和5G技术的兴起，基于网络的各种远程控制和监视技术方兴未艾，而远程控制的终端设备就是机电一体化产品。现场总线和局域网技术使家用电器网络化成为大势所趋，使人们在家里就能充分享受各种高技术带来的便利和快乐。机电一体化产品无疑正朝着网络化方向发展。

（四）微型化

微型化是指机电一体化向微型化和微观领域发展的趋势。国外将微型机电一体化产品称为微电子机械系统（MEMS）或微机电一体化系统，它泛指几何尺寸不超过1cm 的机电一体化产品，并向微米至纳米级发展。微机电一体化产品具有轻、薄、小、巧的特点，在生物医疗、军事、信息等方面具有不可比拟的优势。微机电一体化发展的瓶颈在于微机械技术。微机电一体化产品的加工采用精细加工技术，即超精密技术（包括光刻技术和蚀刻技术）。

（五）绿色化

机电一体化产品的绿色环保化主要是指使用时不污染生态环境，可回收利用，无公害。工业的发达给人类及其生活带来了巨大的变化：一方面，物质丰富，生活舒适；另一方面，资源减少，生态遭受到严重的污染。于是，人们呼吁保护环境资源，绿色产品应运而生，绿色化成为时代趋势。绿色产品在设计、制造、使用和销毁的生命周期中，符合特定的环境保护和人类的健康要求，对生态环境无害或危害极少，资源利用率较高。

（六）人性化

未来的机电一体化更加注重产品与人类的关系，机电一体化产品的最终使用者是人，如何赋予机电一体化产品人的智能、感情、人性显得越发重要，特别是家用机器人，它的最高境界就是人机一体化。另外，模仿生物生理研制各种机电一体化产品也是人性化的体现。

（七）集成化

集成化既包括各种分项技术的相互渗透、相互融合和各种产品不同结构的优化与复合，又包括在生产过程中同时处理加工、装配、检测和管理等多种工序。智能工厂和智能车间是集成化研究的重要对象。

第二章 机电一体化系统总体设计

机电一体化系统设计的第一个环节是总体设计。它是在具体设计之前，应用系统总体技术，从整体目标出发，本着简单、实用、经济、安全和美观等基本原则，对所要设计的机电一体化系统的各方面进行的综合性设计，是实现机电一体化产品整体优化设计的过程。市场竞争规律要求产品不仅具有高性能，而且有低价格，这就给产品设计人员提出了越来越高的要求。另一方面，种类繁多、性能各异的集成电路、传感器、新材料和新工艺等，给机电一体化产品设计人员提供了众多的可选方案，使设计工作具有更大的灵活性。充分利用这些条件，应用机电一体化技术，开发出满足市场需求的机电一体化产品，是机电一体化系统总体设计的重要任务。

第一节 机电一体化系统设计依据及评价标准

一、系统设计依据和技术指标的确定

机电一体化系统设计的第一个环节是系统总体设计。它是在具体设计之前，应用系统总体技术，从整体目标出发，本着简单、实用、经济、安全和美观等基本原则，对所要设计的机电一体化系统的各方面进行的综合性设计。机电一体化系统设计的依据包括功能性要求、安全性要求、经济性要求和可靠性要求等，机电一体化产品的性能指标应根据这些要求及生产者的设计和制造能力、市场需求等来确定。因此，技术指标既是设计的基本依据，又是检验成品质量的基本依据。

（一）系统设计依据

1. 功能性要求

产品的功能性要求是要求产品在预定的寿命期间内有效地实现其预期的全部功能和性能。每个产品都不可能包括所有功能，所以在设计时必须根据产品的经济价值做出取舍。

2. 技术指标要求

技术指标是指系统实现预定功能要求的度量指标。技术指标要求越高系统成本越高，因此要合理制定技术指标。

3. 安全性要求

安全性要求是保证产品在使用过程中不致因误操作或偶然故障而引起产品损坏或安全事故方面的指标。对于自动化程度较高的机电一体化产品来说，安全性指标尤为

重要。

4. 经济性要求

经济性往往和实用性紧密相连，机电系统设计遵循实用、经济的原则，可避免不必要的浪费，避免以高代价换来功能多而又不实用的较复杂的机电系统，避免在操作使用、维护保养等诸多方面带来困难。

5. 可靠性要求

机电一体化系统的可靠性直接影响着系统的正常运转，是产品或系统在标准条件或时间内实现特定功能能力的体现，系统各元件可靠性之间存在"与"的联系。

6. 维修性要求

机电一体化系统要求易于维修，甚至具有故障预测功能，实现预知维护。

（二）技术参数和技术指标的确定

确定恰当的技术参数和技术指标是保证所设计的系统或产品质优价廉的前提。不同系统的主要技术参数或技术指标的内容会有很大的差异。例如机床设备，技术参数是指规格参数、运动参数、动力参数和结构参数等，规格参数是指机床加工或安装工件的最大尺寸，运动参数是设备的最高转速、最低转速等，动力参数是电动机功率、液压缸牵引力或伺服电动机额定转矩等，结构参数表明整体结构及主要零件结构尺寸等；检测仪器，技术参数是指测量范围、示值范围、放大率焦距等；工业机器人，主要技术参数是抓取质量、最大工作范围、运动速度等。

机电一体化系统的技术参数和技术指标，可根据系统的用途或系统输入量与输出量的特性等来确定。

1. 根据系统的用途来确定

用户在提出设备或产品的设计要求时，往往只提出使用要求，设计者必须将使用要求转换成设计工作所需要的技术参数和技术指标。这项工作有时很复杂，需要进行大量的试验、统计和研究。例如，设计一个代替人的上、下料工业机器人，对于抓取质量、工作范围、运动速度、定位精度等技术参数，应在对人在上、下料工作中遇到的各种情况进行分析、研究后确定。

2. 根据系统输入量与输出量的特性来确定

系统的输入量与输出量是物料流、能量流、信息流等，它们本身的性质、尺寸等都可能成为系统技术参数和技术指标的确定依据。例如主运动为回转运动的车床，主轴转速 n 与由材料决定的切削速度 v、被加工零件的直径 D 大小有关，即 $n = 1\ 000v/(\pi D)$。所以，根据切削速度和被加工零件的最大直径、最小直径，可以确定车床的最高转速、最低转速，并得出主轴转速范围。

二、系统评价标准

机电一体化的目的是提高系统（产品）的附加价值，所以附加价值就成了机电一体化系统（产品）的综合评价指标。系统评价主要涉及以下几个方面。

（一）技术性评价

1. 系统匹配性分析

机电一体化系统组成单元的性能参数相互协调匹配，是实现协调功能目标的合理有效的技术方法。例如，系统中各组成单元的精度设计应符合协调精度目标的要求，某一组成单元的设计精度低，系统整体精度将受到影响；某一单元精度过高，将提高成本消耗，并不能达到提高系统整体精度的目标。

2. 传感器分析

在机电一体化系统中，传感器的作用相当于系统感受器官，它能快速、精确地获取信息并能经受严酷环境的考验，是机电一体化产品中必不可少的器件之一，并且是机电一体系统达到高水平的保障。所以，选择合适的传感器对机电一体化系统有着至关重要的作用。传感器的主要指标包括精度、线性度、灵敏度、重复性、分辨力和漂移等。

3. 运动系统精度分析

在机电一体化系统中，运动系统精度是控制系统控制的目标，控制的目的是尽量便宜地获得能够满足期望精度、稳定性好且能快速响应目标值的系统。因此，运动系统精度是机电一体化系统的一个重要评价指标。

4. 运行稳定性分析

当系统的输入量发生变化或受干扰作用时，在输出量被迫离开原稳定值，过渡到另一个新的稳定状态的过程中，输出量是否超过预定限度，或出现非收敛性的状态，是系统稳定或不稳定的标志。系统稳定性设计指标有过渡过程时间、超调量、振荡次数、上升时间、滞后时间及静态误差等。运行稳定性是机电一体化系统重要的性能指标之一，运行稳定是机电一体化系统正常工作的首要条件。

（二）性能评价

1. 柔性、功能扩展分析

通过方案对比，分析产品结构的模块组件化程度，以不同的模块组合满足不同功能要求的适应性、功能扩展的可能性，并通过程序达到不同工作任务的范围和方便性要求，从而对设计方案的优劣做出评价和选择。

2. 操作性分析

先进的机电一体化产品设计方案，应注意建立完善的人机交互界面，自动显示系统工作状态和过程，通过文字和图形揭示操作顺序和内容，简化启动、关机、记录、数据处理、调节、控制、紧急处理等各种操作，并增加自检和故障诊断功能，从而降低操作的复杂性和劳动强度，提高使用方便性，减少人为因素的干扰，提高系统的工作质量、效率及可靠性。

3. 可靠性分析

可靠性在实际当中有着极其重要的作用。对于产品来说，可靠性问题与人身安全经济效益密切相关。提高产品的可靠性，可以防止故障和事故的发生，减少停机时间，提高产品的可用率。

（三）经济评价

经济评价包括成本指标、工艺性指标、标准化指标、美学指标、能耗指标等关系到产品能否进入市场并成为商品的技术指标。

三、系统可靠性评价

机电一体化系统的可靠性包含五个要素：对象、规定的工作时间、规定的工作条件、正常运行的功能以及概率。可靠性指标是产品可靠性的量化标尺，是进行可靠性分析的依据。系统可靠性评价方法如下。

（一）可靠度函数与失效概率

可靠度函数是产品在规定的条件和规定的时间 t 内完成规定功能的概率，以 $R(t)$ 表示；反之，不能完成规定功能的概率称为失效概率，以 $F(t)$ 表示。

$$R(t) = \frac{N(t)}{N(o)} F(t) = \frac{n(t)}{N(o)}$$

式中　$N(t)$ ——工作到时间 t 时，有效产品的数量；

　　　$n(t)$ ——工作到时间 t 时，已失效产品的数量；

　　　$N(o)$ ——0 时刻产品的总数量。

以正态分布的失效分布为例，求出

$$F(t) = \int_o^t f(t)\,dt$$

$$R(t) = 1 - F(t) = \int_o^t f(t)\,dt$$

（二）失效率

产品工作到 t 时刻时，单位时间内失效产品数与尚存的有效产品数的比值称为失效率。它以 $\lambda(t)$ 表示，反映任一时刻失效概率的变化情况。

$$\lambda(t) = \frac{\Delta n(t)}{N(t)\Delta t} = \frac{\frac{\Delta n(t)}{N(o)\Delta c}}{\frac{N(t)}{N(o)}} = \frac{f(t)}{R(t)}$$

（三）寿命

寿命常用平均寿命 $\bar{T}$ 表示。对不可修复产品，$\bar{T}$ 是指从开始使用到发生故障报废的平均有效时间。

$$\bar{T} = \frac{1}{N} \sum_{i=1}^{N} t_i$$

式中　t_i——第 i 个产品无故障工作时间；

　　　N——被检测产品总数。

对可修复产品，$\bar{T}$ 是指一次故障到下一次故障的平均有效工作时间。

$$\bar{T} = \frac{1}{\sum_{i=1}^{n} n_i} \sum_{i=1}^{n} \sum_{j=1}^{n_i} t_{ij}$$

式中　t_{ij}——第 i 个产品从第 $j-1$ 次故障到第 j 次故障之间的有效工作时间；

　　　n_i——第 i 个产品的故障次数。

（四）串联系统可靠性

对于由 n 个单元组成的串联系统，只有当这 n 个单元都正常工作时，该串联系统才正常工作。串联系统任一单元失效，都会引起系统失效。串联单元的失效是和事件，每一个串联单元可靠时系统才能可靠，串联系统可靠度是组成该系统的各独立单元可靠度的乘积。

串联系统可靠度计算公式为

$$R_{串联}(t) = P(x > t) = P(X_1 > t \cap X_2 > t \cap \cdots \cap X_n > t)$$

$$= \prod_{i=1}^{n} P(X_i > t) = \prod_{i=1}^{n} R_i(t)$$

串联系统失效率计算公式为

$$\lambda_{串联}(t) = \sum_{i=1}^{n} \lambda_i(t)$$

式中　$\lambda_i(t)$——第 i 个单元的失效率。

（五）并联系统

对于由 n 个单元组成的并联系统，只有当这 n 个单元都失效时，该并联系统才失效。并联系统不可靠度是组成该系统的各独立单元不可靠度的乘积。

并联系统不可靠度计算公式为

$$F_{串联}(t) = P(X \square t) = P(X_1 \square t \cap X_2 \square t \cap \cdots \cap X_n \square t)$$

$$= \prod_{i=1}^{n} P(X_i \square t) = \prod_{i=1}^{n} F_i(t)$$

并联系统可靠度计算公式为

$$R_{串联}(t) = 1 - \prod_{i=1}^{n} F_i(t) = 1 - \prod_{i=1}^{n} [1 - R_i(t)]$$

由上述分析可以看出，通过系统可靠性分析，可以找出设计薄弱环节，从而对设计薄弱环节进行改进，直到满足可靠性指标为止。

第二节　机电一体化系统总体设计方法

机电一体化系统是融合了机、电和其他技术的综合系统，技术的综合性和复杂性都比传统的机械系统高得多。随着相关技术的迅猛发展，为了保证设计的先进性，机电一体化系统设计要从思想、方法和技术各个层面上建立一套适应发展的理论和方法。

总体设计在整个设计过程中成为最关键的环节，决定机电一体化系统能否合理地有机结合多种技术并使一体化性能达到最佳。系统总体技术作为机电一体化共性关键技术之一，以系统工程的思想和方法论为基础，为系统的总体设计提供了正确的设计思想和有效的分析方法。采用系统总体技术，从整体目标出发，针对所要设计的机电一体化系统的各方面，综合分析机电一体化产品的性能要求及各机、电组成单元的特性，选择最合理的单元组合方案，将机电一体化共性关键技术综合应用，是系统总体设计的主要工作内容。

一、机电一体化系统总体设计步骤

总体设计对机电一体化系统的性能、尺寸、外形、质量及生产成本具有重大影响。因此，在机电一体化系统总体设计中要充分应用现代设计方法所提供的各种先进设计原理，综合利用机械、电子等关键技术并重视科学实验，力求在原理上新颖正确、在实践上可行、在技术上先进、在经济上合理。一般来讲，机电一体化系统总体设计应包括下述内容。

（一）准备技术资料

准备技术资料一般包括以下几点。

（1）搜集国内外有关技术资料，包括现有同类产品资料、相关的理论研究成果和先进技术资料等。通过对这些技术资料进行分析比较，了解现有技术发展的水平和趋势。技术资料是确定产品技术构成的主要依据。

（2）了解所设计产品的使用要求，包括功能、性能等方面的要求。此外，还应了解产品的极限工作环境、操作者的技术素质和用户的维修能力等方面的情况。使用要求是确定产品技术指标的主要依据。

（3）了解生产单位的设备条件、工艺手段和生产基础等，将其作为研究具体结构方案的重要依据，以保证缩短设计和制造周期、降低生产成本、提高产品质量。

（二）确定性能指标

性能指标是满足使用要求的技术保证，主要应根据使用要求的具体项目来相应地确定，当然也受到制造水平和能力的约束。性能指标主要包括以下几项。

1. 功能性指标

功能性指标包括运动参数、动力参数、尺寸参数、品质指标等实现产品功能所必需的技术指标。

2. 经济性指标

经济性指标包括成本指标、工艺性指标、标准化指标、美学指标等关系到产品能否进入市场并成为商品的技术指标。

3. 安全性指标

安全性指标包括操作指标、自身保护指标和人员安全指标等保证在产品使用过程中不致因误操作或偶然故障而引起产品损坏或人身事故方面的技术指标。对于自动化程度较高的机电一体化产品，安全性指标尤为重要。

（三）拟定系统原理方案

机电一体化系统原理方案拟定是机电一体化系统总体设计的实质性内容，是总体设计的关键，要求充分发挥机电一体化系统设计的灵活性，根据产品的市场需求及所掌握的资料和技术，拟定出综合性能最好的机电一体化系统原理方案。

（四）初定系统主体结构方案

在机电一体化系统原理方案拟定之后，初步选出多种实现各环节功能和性能要求的可行的主体结构方案，并根据有关资料或通过与同类结构类比，定量地给出各结构方案对特征指标的影响程度或范围，必要时也可通过适当的实验来测定。将各环节主体结构方案进行适当组合，构成多个可行的系统主体结构方案，并使得各环节对特征指标的影响的总和不超过规定值

（五）电路结构方案设计

在机电一体化系统设计中，检测系统和控制系统的电路结构方案设计可分为两大类。一类设计是选择式设计，即设计人员根据系统总体功能及单元性能要求，分别选择传感器、放大器、电源、驱动器、控制器、电动机及记录仪等，并进行合理的组合，以满足总体方案设计要求。另一类设计以设计为主，以选择单元为辅，设计人员必须根据系统总体功能、检测系统性能、控制系统性能进行设计，在设计中必须选择稳定性好、可靠性好、精度高的器件。电路结构方案设计要合理，并且设计抗干扰、过压保护和过流保护电路。对于电路结构布局，应把强电单元和弱电单元分开布置，布置走线要短，电路地线布置要正确合理。对于强电场干扰场合，电路结构设计应加入抗干扰元件并外加屏蔽罩，以有效提高系统的稳定性和可靠性。

（六）总体布局与环境设计

机电一体化系统总体布局设计是总体设计的重要环节。布局设计的任务是，确定系统各主要部件之间相对应的位置关系以及它们之间所需要的相对运动关系。布局设计是一个全局性的问题，它对产品的制造和使用特别是对维修、抗干扰、小型化等，都有很大影响。

（七）系统简图设计

在上述工作完成后，应根据系统的工作原理及工作流程画出它们的总体图，组成机、电控制系统有机结合的机电一体化系统简图。在系统简图设计中，执行系统应以机构运动简图或机构运动示意图表示，机械主系统应以结构原理草图表示，电路系统应以电路原理图表示，其他子系统可用方框图表示。

（八）总体方案的评价

根据上述系统简图，进行方案论证。论证时，应选定一个或几个评价指标，对多个可行方案进行单项校核或计算，求出各方案的评价指标值并进行比较和评价，从中选出最优者作为拟定的总体方案。

（九）总体设计报告

总结上述设计过程的各个方面，写出总体设计报告，为总体装配图和部件装配图的绘制做好准备。总体设计报告要突出设计重点，将所设计系统的特点阐述清楚，同时应列出所采取的措施及注意事项。

机电一体化系统总体设计为具体设计规定了总的基本原理、原则和布局，指导具体设计的进行；而具体设计是在总体设计的基础上进行的具体化。具体设计不断地丰富和修改总体设计，两者相辅相成、有机结合。因此，只有把总体设计和系统的观点贯穿产品开发的过程，才能保证最后的成功。

二、机电一体化系统原理方案设计

明确了设计对象的需求之后，就可以开始工作原理设计了，机电一体化系统原理方案设计是整个总体设计的关键，是具有战略性和方向性的设计工作。设计质量的优劣取决于设计人员能否有效地对系统的总功能进行合理的抽象和分解，能否合理地运用技术效应进行创新设计，是否勇于开拓新的领域和探索新的工作原理，使总体设计方案最佳化，从而形成总体方案的初步轮廓。

在机电一体化系统原理方案设计中，常用的方法有功能分析设计法，创造性方法、评价与决策方法、商品化设计方法、变型产品设计中的模块化方法和相似产品系列设计方法等。在此，仅介绍机电一体化系统原理方案设计的功能分析设计法。

方法、变型产品设计中的模块化方法和相似产品系列设计方法等。在此，仅介绍机电一体化系统原理方案设计的功能分析设计法。

机电一体化系统工作原理设计主要包括系统抽象化与系统总功能分解两个阶段。

（一）系统抽象化

机电一体化系统（产品）是由若干具有特定功能的机械与微电子要素组成的有机整体，具有满足人们使用要求的功能。根据功能不同，机电一体化系统利用能量使得机器运转，利用原材料生产产品，合理地利用信息将关于能量、生产方面的各种知识和技术进行融合，进而保证产品的数量和质量。因此，可以将系统抽象化为以下功能。

（1）变换（加工、处理）功能。

（2）传递（移动、输送）功能。

（3）储存（保持、积蓄、记录）功能。

以物料搬运、加工为主，输入物质（原料、毛坯等）、能量（电能、液能等）和信息（操作及控制指令等），经过加工处理，主要输出为改变了的物质的位置和形态的系统（或产品），称为加工机。例如，各种机床（切削机床、锻压设备、铸造设备、电加工设备、焊接设备、高频淬火设备等）、交通运输机械、食品加工机械、起重机械、纺织机械、印刷机械、轻工机械等，都是加工机。

以能量转换为主，输入能量（或物质）和信息，输出不同能量（或物质）的系统（或产品），称为动力机。在动力机中，输出机械能的为原动机，如电动机、水轮机、内燃机等。

以信息处理为主，输入信息和能量，主要输出某种信息（如数据、图像、文字、声音等）的系统（或产品），称为信息机。例如，各种仪器、仪表、办公机械等，都是信息机。

在分析机电一体化系统总功能时，根据系统输入和输出的原材料、能量和信息的差别与关系，将系统分解，分析系统结构组成及子系统功能，得到系统工作原理方案。

（二）系统总功能分解

为了分析机电一体化系统的子系统功能组成，需要统计实现工作对象转化的工作原理的相关信息。每一种工作对象的转化可以利用不同的工作原理来实现。例如圆柱齿轮切齿，可以采用滚、插、刨、铣等不同的加工方式。同样，圆柱齿轮测量可以采用整体误差测量、单项误差测量，展成测量、逐步测量，接触式测量、非接触式测量，机械式测量、电子式测量，对比式测量、直接测量等多种测量方式。不同的工作方式将使机电一体化系统具有不同的技术与经济效果。因此，可从各种可行的工作方式中选择最佳的工作方式。

一般情况下，机电一体化系统较为复杂，难以直接得到满足总功能的系统方案。因此，可以采用功能分解法，将系统总功能分解，建立功能结构图，这样既可显示各功能元、分功能与总功能之间的关系，又可通过各功能元之间的有机组合求得系统方案。

将总功能分解成复杂程度较低的子功能，并相应找出各子功能的原理方案，简化了实现总功能的原理构思。如果有些子功能还太复杂，则可将它进一步分解到较低层次的子功能。分解到最后的基本功能单元称为功能元。所以，功能结构图应从总功能开始，以下有一级子功能、二级子功能等，末端是功能元，前级功能是后级功能的目的功能，后级功能是前级功能的手段功能。另外，同一层次的功能单元组合起来，应能满足上一层功能的要求，最后合成的整体功能能满足系统的要求。至于对某个具体的技术系统来说，系统总功能需要分解到什么程度，则取决于在哪个层次上能找到相应的物理效应和结构来实现其功能要求。

CNC 数控机床总功能是利用控制系统逻辑地处理具有控制编码或其他符号指令规定的程序，并将其译码，使得机床动作并加工零件。该系统总功能可以分解为切削加工子功能、控制子功能、驱动子功能、监控检测子功能及编程子功能。

CNC 数控机床包括主机、数控装置、驱动装置、辅助装置、编程及其他附属设备。其中：主机是 CNC 数控机床的主体，包括床身、立柱、主轴、进给机构等，是用于完成各种切削加工的机械部件；数控装置是 CNC 数控机床的核心，包括硬件（印刷电路板、CRT 显示器、钥匙盒、纸带阅读器等）以及相应的软件，用于输入数字化的零件程序，并完成输入信息的存储，数据的变换、插补运算，以及实现各种控制功能；驱动装置是 CNC 数控机床执行机构的驱动部件，包括主轴驱动单元、进给单元、主轴电动机及进给电动机等，它在数控装置的控制下通过电气或电液伺服系统实现主轴和进给驱动，当几个进给联动时，可以完成定位、直线、平面曲线和空间曲线的加工；辅助装置是指 CNC 数控机床的一些必要的配套部件，用以保证 CNC 数控机床的运行，如冷却装置、排屑装置、润滑装置、照明装置、监测装置等，不仅包括液压和气动装置、排屑装置、交换工作台、数控转台和数控分度头，还包括刀具及监控检测装置等；编程及其他附属设备用于在机外进行零件的程序编制、存储等。

三、机电一体化系统结构方案设计

（一）内容和步骤

机电一体化系统原理方案确定之后，可以将系统的子系统分为两个方面。第一方面是机械子系统，如机械传动系统、导向系统、主轴组件等；第二方面是电气子系统，如控制用电动机、控制电路、检测传感器等。电气子系统可以直接选用市场上的成品，或者利用半成品组合而成。机械结构方案和总体方案根据机电一体化系统功能的改变，呈现出多样化特征。尽管为了满足机电一体化系统设计，各种机械中典型的标准组件已经商品化，但机械结构设计仍是机电一体化系统主体结构方案设计的重要内容。

系统结构方案设计的核心工作包括两个方面，分别为"质"的设计和"量"的设计。"质"的设计问题有两个，一是"定型"，即确定各元件的形态，把一维或两维的原理方案转化为三维的、有相应工作面的、可制造的形体；二是"方案设计"，即确定构成技术系统的元件数目及其相互间的配置。"量"的设计是定量计算尺寸，确定材料。

由于结构方案设计的复杂性和具体性，除了要求创新性以外，还需要进行与实践相结合的综合分析和校核工作。结构方案设计的步骤主要包括初步设计、详细设计和结构方案的完善与审核。

1. 初步设计

这一阶段主要是完成主功能载体的初步设计。一般把功能结构中对实现能量、物料或信号的转变有决定性意义的功能称为主功能，把满足主功能的构件称为主功能载体。对于某种主功能，可以由不同的功能载体来实现。首先，可以确定几种功能载体；然后，确定它们的主要工作面、形成及主要尺寸，按比例画出结构草图；最后，在几种结构草图中择优确定一个方案作为后继设计的基础。

2. 详细设计

这个阶段的第一步是进行副功能载体设计，在明确实现主功能需要哪些副功能载体的条件下，实现副功能尽量直接选用现有的结构，如选用标准件、通用件或从设计目录和手册中查找构件。第二步是进行主功能载体的详细设计。主功能载体的详细设计应遵循结构设计基本原则和原理。例如，摩擦形式如果处理得不好，由于动、静摩擦力差别太大，造成爬行，会影响控制系统工作的稳定性。因此，要选取满足工作要求的导轨，导轨副相对运动时的摩擦形式有滑动、滚动、液体静压滑动、气体静压滑动等几种，它们各有不同的优缺点，设计时可以根据需求，综合考虑各方面因素进行选择。第三步也即最后一步是进一步完善、补充结构草图，并对草图进行审核、评价。

3. 结构方案的完善与审核

这一阶段的任务是在前面阶段工作的基础上，对关键问题及薄弱环节进行优化设计，进行干扰和差错是否存在的分析，并进行经济分析，检查成本是否控制在预期目标内。

（二）基本要求

（1）机械结构类型很多，选择主要结构方案时，必须保证满足系统所要求的精度、工作稳定可靠、制造工艺性好。

（2）按运动学原则进行结构设计时，不允许有过多的约束。但当约束点有相对运动且载荷较大时，约束处变形大，易磨损，这时可以采用误差均化原理进行结构设计。这时可以允许有过多的约束。例如，滚动导轨中的多个滚动体，利用滚动体的弹性变形使滚动体直径的微小误差相互得到平均，从而保证导轨的导向精度。

（3）结构设计简单化，提高系统可靠性。在满足系统总功能的条件下，力求整机、部件和零件的结构设计简单。机械系统一般为串联系统，组成系统的单元数目越少，则系统的可靠度越高，即零部件数量少，不仅可以提高产品的可靠度，还可以缩短加工、组装和生产准备周期，降低生产成本。在设计中，常采用一个零件担任几种功能的办法来达到减少零件数量的目的。

（4）在进行总体结构设计时，传动链越短，传动误差越小，性能稳定性越好，精度越高。传统的机械传动直线进给系统，传动链由多级变速箱和运动转换装置组成，传动链较长，传动误差较大；数控直线进给系统，传动链中减少了多级变速箱，传动链长度减小，传动误差减少；甚至可以采用电动机直接驱动执行机构，使传动链最短，这是最理想的结构。进行机电一体化系统结构设计时，可以尽量使驱动系统的自动变速范围宽，且使运动形式与执行机构形式一致，这样就可以用最短的传动链，实现执行机构的运动要求。

（5）在进行结构方案设计时，要尽量满足基准重合原则，这样可以减小由于基准不一致所带来的误差。常用的基准面有设计基面、工艺基面、测量基面和装配基面。基准统一，可以避免因基准面不同而造成的制造误差、测量误差和装配误差。

（6）遵循"三化"原则。"三化"是指产品品种的系列化、产品零部件的通用化和产品零部件的标准化。这是一项重要的经济政策，也是产品结构设计的方向。系列化是指同类产品设计的系列化，目的是用最少的规格和形式，最大限度地满足市场的需要。标准化是对原材料、半成品及成品的统一规定。目前标准有国际标准、国家标准、部颁标准和企业标准。设计零部件时，应以标准为依据，并尽量加大标准件占零件总量的比例，这样可以使产品成本下降、生产周期缩短。通用化是指相同功能的零部件尺寸统一，可以被不同型号的同类产品使用。这样可以减少零部件品种，缩短设计、制造周期。在设计中采用标准化和通用化原则可以保证零部件的互换性，实现工艺过程典型化，有效地缩短制造周期，增大产量，并为以后的维护带来方便。

四、机电一体化系统测控方案设计

测控系统的设计是一个综合运用知识的过程，需要测试技术、计算机原理及接口、模拟电路与数字电路、软件设计方法及编程等方面的基本知识，此外还需要一定的生产工艺知识。因此，在测控系统设计过程中，经常需要各个专业人员密切配合。

（一）测控系统分类

1. 直接数字测控系统（DDC 系统）

DDC 系统是一种单机控制系统，具有规模小、结构简单、实用性强、价格低等优点，适合测控比较简单的被控对象或作为分布式控制系统的最小基本控制单元，它的缺点是可靠性差。

2. 监督测控系统（SCC 系统）

SCC 系统它采用两级控制方式。第一级为 SCC 计算机控制。第二级有两种：模拟调节器控制和 DDC 计算机控制。当 SCC 系统中的计算机出现故障时，可由模拟调节器或 DDC 计算机独立完成操作，从而提高整个测控系统的可靠性。

3. 分布式测控系统（DCS）

DCS 的核心思想是集中管理、分散控制，即管理与控制相分离，上位机用于集中监视管理功能，若干台下位机下放分散到现场实现分布式控制，各上、下位机之间用控制网络互连，以实现相互之间的信息传递。在 DCS 中，按地区把微处理器安装在测量装置与控制执行机构附近，将控制功能尽可能分散，将管理功能相对集中。这种分散化的控制方式能改善控制的可靠性。

4. 现场总线控制系统（FCS）

FCS 作为新一代控制系统，FCS 采用了基于开放式、标准化的通信技术，突破了

DCS 采用专用通信网络的局限，同时进一步变革了 DCS 中的"集散"系统结构，形成了全分布式系统架构，把控制功能彻底下放到现场。简而言之，现场总线是把控制系统最基础的现场设备变成网络节点连接起来，实现自下而上的全数字化通信，可以认为是通信总线在现场设备中的延伸，把企业信息沟通的覆盖范围延伸到了工业现场。

（二）测控系统设计步骤

在最大限度满足安全生产要求的前提下，按照可靠性、实用性、先进性、通用性、合理性和经济性等原则进行测控系统设计。测控系统设计主要步骤如下。

1. 了解测控对象的要求

首先，必须详细地了解测控对象对测控系统的要求。测控对象对测控系统的要求主要包括精度、稳定性、响应速度、可靠性等。

2. 测控系统总体方案确定

针对实际设计系统确定设计的测控总体方案，选择系统的结构形式，画出测控系统总体方案框图。

3. 选择传感器、控制执行机构或元件

根据设计要求及确定的测控系统总体方案，选择所需要的传感器和合适的控制执行机构或元件等。

4. 系统硬件电路设计

根据测控系统总体方案的要求，进行系统硬件设计和具体电路（信号调理电路、信号滤波电路和信号采集电路等）设计，尽量采用成熟的、经过实践考验的电路和环节，同时考虑新技术、新元器件、新工艺的应用。

5. 系统软件设计

按软件设计原则、方法及系统的要求进行应用程序设计，注意兼容性、可扩展性。

6. 系统测试

系统软、硬件设计完成并进行正确组装后，按设计任务的要求在实验室进行模拟实验，对测试系统进行性能测试、老化测试、抗腐蚀测试等，并根据测试结果改进测试系统。

7. 整理设计文档

在系统测试通过后，整理测控系统总体方案、硬件设计文档、软件设计文档等技术文档。

（三）测控系统方案设计

1. 系统总体方案设计

在确定测控系统总体方案时，对系统的软、硬件功能应做统一考虑。测控系统的功能哪些由硬件完成，哪些由软件实现，应该结合具体问题经过反复分析比较后确定。画出一个完整的测控系统原理框图，其中包括各种传感器、执行器、输入/输出通道的主要元器件、微机及外围设备。

2. 系统硬件方案设计

（1）选择元器件。选择元器件时，一般还要注意以下几点：①在满足技术要求的前提下尽可能选择价格低的元器件。②尽可能选用集成组件。③尽可能选用单电源供电的组件，对只能采用电池供电的场合，必须选用低功耗器件。④元器件的工作温度范围应大于使用环境的温度变化范围。⑤系统中相关的器件要尽可能做到性能匹配。

（2）硬件电路设计。硬件电路设计要注意以下几点：①硬件电路结构要结合软件方案一并考虑，软件能实现的功能尽可能由软件来实现。②尽可能选用典型电路和集成电路。③微机系统的扩展与外围设备的配置留有适当的余地，以便进行二次开发。④在把设计好的单元电路与别的单元电路相连时要考虑它们是否能直接连接。⑤在模拟信号传送距离较远时，要考虑以电流或频率信号传输代替以电压信号传输。⑥可靠性设计和抗干扰设计。

（3）设计控制操作面板。控制操作面板也称为控制操作台，是人机对话的纽带，也是测控系统中的重要设备。根据具体情况，控制操作面板可大可小，大到可以是一个庞大的操作台，小到只是几个功能键和开关。例如，在智能仪器中，控制操作面板都比较小。不同系统，控制操作面板可能差异很大，所以一般需要根据实际需要自行设计控制操作面板。在控制操作面板设计中，应遵循安全可靠、使用方便、操作简单、板面布局适宜且美观、符合人性工程学要求的原则。

3. 测控系统软件设计

测控系统软件设计通常的思路如下。
（1）分析问题，抽象出描述问题的数学模型。
（2）确定解决问题的算法和工作步骤。
（3）根据算法绘制程序流程图。
（4）分配存储空间，确定程序与数据区存储空间。
（5）编写源程序。
（6）程序静态检查。
（7）上机调试、修改，最终确定程序。

第三节 机电有机结合设计

机电一体化系统（产品）的设计过程是机电参数相互匹配与有机结合的过程。在确定设计方案后要进行定量的分析计算，包括稳态设计和动态设计，以减少设计的盲目性，缩短开发的周期。

一、稳态设计

稳态设计包括使系统的输出运动参数达到技术要求、动力元件（如电动机）的参数选择、功率（或转矩）的匹配与过载能力的验算、各主要元部件的选择与控制电路的设计、信号的有效传递、各级增益的分配、各级之间阻抗的匹配和抗干扰措施等，为后面动态设计中校正装置的引入留有余地。

机电一体化系统性能与负载和系统响应特性要求密切相关，因此，应在对机电一体化系统负载特性进行分析的基础上，建立各子系统的数学模型，构建整个机电一体化系统的控制模型，通过计算机仿真或试验测试方法确定关键参数，研究系统响应特性，为系统动态设计奠定基础。

（一）典型负载分析

被控对象（简称负载）的运动形式有直线运动、回转运动、间歇运动等，具体的负载往往比较复杂，为了便于分析，常将它分解为几种典型负载，结合系统的运动规律再将它们组合起来，使定量设计计算得以顺利进行。

被控对象与执行元件一般通过传动装置连接，执行元件的额定转矩、加减速控制及制动方案的选择，应与被控对象的固有参数（如质量、转动惯量等）相互匹配。因此，要将被控对象相关部件的固有参数及其所受的负载（力或转矩等）等效换算到执行元件的输出轴上，即计算执行元件输出轴承受的等效转动惯量和等效负载转矩（回转运动）或计算等效质量和等效力（直线运动）。

在设计系统时，应对被控对象及其运动做具体分析，从而获得负载的综合定量数值，为选择与之匹配的执行元件及进行动态设计分析打下基础。

（二）执行元件的匹配选择

伺服系统是由若干元部件组成的，其中有些元部件已有系列化商品供选用。为了降低机电一体化系统的成本、缩短设计与研制周期，应尽可能选用标准化零部件。拟定系统方案时，首先确定执行元件的类型，然后根据技术条件的要求进行综合分析，选择与被控对象及其负载相匹配的执行元件。电动机的转速、转矩和功率等参数应和被控对象的需要相匹配。因此，应选择与被控对象的需要相适应的执行元件。

（三）减速比的匹配选择与各级减速比的分配

减速比主要根据负载性质、脉冲当量和机电一体化系统的综合要求来选择确定，不仅要使减速比在一定条件下达到最佳，而且要使减速比满足脉冲当量与步距角之间的相应关系，还要使减速比同时满足最大转速要求等。减速比的确定方法有以下几种

（1）加速度最大。

（2）最大输出速度。

（3）满足送进系统传动基本要求的选择方法。

（4）减速器输出轴转角误差最小原则。

（5）对速度和加速度均有一定要求的选择方法。

（四）检测传感装置、信号转换电路、放大电路等的匹配设计

检测传感装置的精度（即分辨力）、不灵敏区等要适应系统整体的精度要求，在系统的工作范围内，检测传感装置的输入/输出应具有固定的线性特性，信号的转换要迅速及时，信噪比要大，装置的转动惯量及摩擦阻力矩要尽可能小，性能要稳定可靠等。

信号转换电路应尽量选用商品化的集成电路，要有足够的输入/输出通道，不仅要考虑与传感器输出阻抗的匹配，还要考虑与放大器的输入阻抗符合匹配要求。

各部分的设计计算必须从系统总体要求出发，考虑相邻部分的广义接口、信号的有效传递（防干扰措施）、输入/输出的阻抗匹配。总之，要使整个系统在各种运行条件下达到各项设计要求。

二、动态设计

稳态设计只是初步确定了系统的主回路，系统还很不完善。在稳态设计的基础上所建立的系统数学模型一般不能满足系统动态品质的要求，甚至是不稳定的。为此，必须进一步进行系统的动态设计。动态设计主要是设计校正装置，使系统满足动态技术指标要求，通常要利用计算机仿真技术进行辅助设计。

（一）系统建模基础

系统特性分析一般先根据系统组成建立系统的传递函数（即原始系统数学模型），再根据系统的传递函数分析系统的稳定性、系统过渡过程的品质（响应的快速性和振荡）及系统的稳态精度等特性。

机电一体化系统是采用多种技术组成的集合体，根据系统类型和建模目的选择了数学模型的种类后，要对系统进行功能分解，画出系统的结构连接图。对各子功能结构分别进行建模，再根据子功能结构之间的连接方式组合成整体数学模型。系统建模过程如图 2-1 所示。

图 2-1 系统建模过程

在建模过程中，系统功能分解的合理性很重要，原则上应使分解的功能既简单，又能形成具有输入/输出关系的独立结构。机电一体化系统的各子功能一般划分为控制、驱动、执行、传动、检测等部分。如果某子功能结构复杂，则可以继续分解。

机电一体化系统的建模主要是建立机理模型，即以各种物理原理建立系统参数或者变量之间的关系，并获得系统近似数学描述。机电一体化系统组成的功能结构主要为机械系统和电子系统。机械系统由质量块、惯量、阻尼器和弹簧组成，以力学基础

理论建模。电子系统由电阻、电容、电感、电子器件组成，以电学和电子学理论为基础建模。系统中的传感器和执行元件基本有较完善的物理学理论描述。

机电一体化系统（或元件）的输入量（或称输入信号）和输出量（或称输出信号）可用时间函数描述，输入量与输出量之间的因果关系或者说系统（或元件）的运动特性可用微分方程描述。若设输入信号为 $r(t)$，输出信号为 $c(t)$，则描述系统（或元件）运动特性的微分方程的一般形式为

$$a_n \frac{d^n c(t)}{dt^n} + a_{n-1} \frac{a_{n-1} c(t)}{dt^{n-1}} + \cdots + a_0 c(t) = b_m \frac{d^m r(t)}{dt^m} + b_{m-1} \frac{d^{m-1} r(t)}{dt^{m-1}} + \cdots + b_0 r(t)$$

$$(2-1)$$

系统（或元件）的运动特性也可以用传递函数描述。线性定常系统（或元件）的传递函数定义为：在零初始值下，系统（或元件）的输出量拉氏变换与输入量拉氏变换之比。将式（2-1）中的各项在零初始值下进行拉氏变换，可得

$$(a_n s^n) + a_{n-1} s^{n-1} + \cdots + a_1 s + (a_0) C(s) = (b_m s^m) + b_{m-1} s^{m-1} + \cdots + b_1 s + (b_0) R(s)$$

$$(2-2)$$

由式（2-2）可得线性定常系统（或元件）传递函数的一般形式为

$$G(s) = \frac{C(s)}{R(s)} = \frac{b_m s^m + b_{m-1} s^{m-1} + \cdots + b_1 s + b_0}{a_n s^n + a_{n-1} s^{n-1} + \cdots + a_1 s + a_0}$$

$$(2-3)$$

当系统（或元件）的运动能够用有关定律（如电学、热学、力学等的某些定律）描述时，该系统（或元件）的传递函数就可用理论推导的方法求出。对那些无法用有关定律推导其传递函数的系统（或元件），可用实验法建立其传递函数。

（二）机械系统特性建模

机械系统是由轴、轴承、丝杠及连杆等机械零件构成的，功能是将一种机械量变换成与目的要求对应的另一种机械量。例如，有的连杆机构就是将回转运动变换为直线运动。机械系统在传递运动的同时还将进行力（或转矩）的传递。因此，机械系统的各构成零部件必须具有承受其所受力（或转矩）的足够强度和刚度。

机械系统关注的是物体在力的作用下的性能。牛顿力学是机械系统的基础，主要是牛顿第二定律，即物体加速度的大小跟作用力成正比，跟物体的质量成反比，加速度的方向跟作用力的方向相同。

1. 机械平移系统

机械平移系统的基本元件是质量块、阻尼器和弹簧。质量块的数学模型为

$$F(t) = m \frac{d^2 x(t)}{dt}$$

$$(2-4)$$

$$F(t) = f \left[\frac{dx_1(t)}{dt} - \frac{dx_2(t)}{dt} \right]$$

$$(2-5)$$

弹簧的数学模型为

$$F(t) = K[x_1(t) - x_2(t)]$$

$$(2-6)$$

2. 机械转动系统

机械转动系统的基本元件是转动惯量、阻尼器和弹簧。这三种基本元件的符号如图 2-2 所示。在图 2-2 中，$M(t)$ 表示外力，$\theta(t)$ 表示位移，J 表示转动惯量，f 表示黏滞阻尼系数，K 为弹簧刚度。

由图 2-2 可以得到转动惯量的数学模型为

$$M(t) = J\frac{d^2\theta(t)}{dt} \qquad (2-7)$$

阻尼器的数学模型为

$$M(t) = f\left[\frac{d\theta_1(t)}{dt} - \frac{d\theta_2(t)}{dt}\right] \qquad (2-8)$$

弹簧的数学模型为

$$M(t) = K[\theta_1(t) - \theta_2] \qquad (2-9)$$

（a）转动惯量　　（b）阻尼器　　（c）弹簧

图 2-2　机械转动系统基本元件的符号

（三）电子系统特性建模

传感器、电动机等耦合了电子系统和机械系统。电子系统由电阻、电容、电感、电子器件组成，以电学和电子学理论为基础建模。

电路分析是指在给定的电路图中，计算电路中所有的电压和电流的过程。该过程基于以基尔霍夫（Kirchhoff）命名的两个基本原理。

基尔霍夫电流定律：流入某节点的电流总和为零。

基尔霍夫电压定律：在某一闭环回路中所有的电压降之和为零。

下面以低通滤波器（电路见图 2-3）为例进行说明。根据基尔霍夫电压定律可以得到低通滤波器的微分方程式为

$$RC\frac{de_y}{dt} + e_y = e_x \qquad (2-10)$$

电路依靠电压和电流两个变量来传递参量，描述从电子到机械耦合的洛伦兹力定律和从机械到电子耦合的法拉第电磁感应定律。

1. 洛伦兹力定律——由电向机耦合

洛伦兹力定律用来描述运动电荷在磁场中所受到的力，即磁场对运动电荷的作用力，作用力 $F=Bil$。力的方向从纸面向外，满足左手法则：食指指向电流的方向，中

指指向磁场的方向，拇指的方向就是力的方向。在某些情况下，磁场方向和电流方向不成 90°，这时力的计算就要使用磁场的正交部分，$F=Bil\sin\varphi$（φ 为磁场方向与电流方向的锐角夹角）。

图 2-3　低通滤波器电路

2. 法拉第电磁感应定律——由机向电耦合

法拉第电磁感应定律描述了一个运动线圈在磁场中的速度与线圈中的感应电压之间的关系——$V=Bl\dot{x}$。根据法拉第电磁感应定律，当导体运动时，闭环线圈中的感应生成电流和电压。在某些情况下，磁场方向和电流方向不成 90°，这时力的计算就要使用磁场的正交部分，$V=Bl\dot{x}\sin\varphi$（φ 为磁场方向与电流方向的锐角夹角）。

（四）动态设计方法

在系统建模的基础上，可以对系统进行动态设计。动态设计主要包括结构变形的消除方法、传动间隙的消除方法、系统调节方法。

1. 克服结构变形对系统的影响

在进给传动系统中，进给系统的弹性变形直接影响系统的刚度、振动、运动精度和稳定性。机械传动系统的弹性变形与系统的结构、尺寸、材料性能和受力状况有关，机械传动系统的结构形式多种多样，因此分析起来相当复杂，在进行机电一体化系统动态设计时，需要考虑系统的刚度与谐振频率。

克服结构变形对系统影响的常用措施如下。

（1）提高传动刚度。

（2）提高机械阻尼，采用黏性联轴器，或在负载端设置液压阻尼器或电磁阻尼器。

（3）采用校正网络。

（4）应用综合速度反馈减小谐振。

2. 克服传动间隙对系统的影响

理想的齿轮传动的输入与输出之间是线性关系，实际上，由于主动轮和从动轮之间间隙的存在和传动方向的变化，齿轮传动的输入转角和输出转角之间呈滞环特性。为了减小间隙对传动精度的影响，除尽可能地提高齿轮的加工精度外，装配时还应减小最后一级齿轮的传动间隙。

3. 系统调节方法

当系统有输入或受到外部干扰时，系统的输出必将发生变化，由于系统中总是含有一些惯性或蓄能元件，系统的输出量不能立即变化到与外部干扰相对应的值。当系统不稳定或虽然稳定但过渡过程性能和稳态性能不能满足要求时，可先调整系统中的有关参数。如果仍不能满足使用要求，则需要设计校正网络。

（1）古典控制理论。古典控制理论主要研究单输入——单输出（SISO）线性定常系统，以传递函数作为描述系统的数学模型，以时域分析、频域分析和根轨迹分析为主要分析方法，进行稳定性、快速性、准确性分析。古典控制理论根据给定的特性指标，调整模型参数，设计校正网络，使系统的性能指标变好。常用的控制方式是PID控制、超前-滞后校正、前馈控制、串级控制、状态反馈等。其中以PID控制最为经典。比例环节成比例地反映控制系统的偏差信号，偏差信号一旦产生，控制器立即产生控制作用，以减小偏差，但过大的比例增益会使调节过程出现较大的超调量，降低系统的稳定性。积分环节主要用于消除静差，提高系统的无差度，保证系统对设计值的无静差跟踪。微分环节能反映系统偏差信号的变化趋势，能产生超前的控制作用。

古典控制理论只能反映输入与输出间的关系（系统外部特性），难以揭示系统内部的结构和运行状态。

（2）现代控制理论。现代控制理论是以状态变量概念为基础，利用现代数学方法和计算机来分析、综合复杂控制系统的新理论，适用于多输入-多输出（MIMO）系统、线性或非线性系统、定常或时变系统、连续或离散系统。现代控制理论用状态空间法，将高阶微分方程转化为一阶微分方程组，用以描述系统的动态过程。状态空间法本质上是时域方法。现代控制理论着眼于系统的状态，通过揭示系统对控制作用和初始状态的依赖关系，在一定指标和限制条件下，使系统达到最佳状态，即实现最优控制，从理论上解决了系统在能控性、能观测性、稳定性等方面的问题。

现代控制理论研究内容非常广泛，主要包括多变量线性系统理论、最优控制理论、最优估计理论、系统辨识理论、自适应控制理论。

（3）智能控制理论。智能控制技术就是在无人干预的情况下能自主地驱动智能机器实现控制目标的技术，处于控制理论发展的高级阶段，主要研究具有不确定性的数学模型、高度的非线性和复杂的任务要求的系统。

智能控制是建立在被控动态过程的特征模式识别，基于知识、经验的推理及智能决策基础上的控制。智能控制研究的主要目标不再是被控对象，而是控制器本身。控制器不再是单一的数学模型，而是数学解析和知识系统相结合的广义模型，是多种学科知识相结合的控制系统。智能控制算法在对模糊控制、神经网络、专家系统和遗传算法等理论进行分析和研究的基础上，重点研究多种智能方法综合应用的集成智能控制算法，具有多模式、变结构、变参数等特点，可根据被控动态过程特征识别、学习并组织自身的控制模式，改变控制器的结构，调整控制器的参数。

通过机电有机结合设计，可综合分析机电一体化产品的性能要求及各机、电组成单元的特性，选择最合理的单元组合方案，实现机电一体化产品整体优化设计。这样虽然得到了一个较为详细的设计方案，但这种工程设计计算是近似的，只能作为工程实践的基础，系统的实际参数还要通过样机的试验和调试才能最终确定。

第三章 机电一体化机械系统设计

机械系统是机电一体化的重要组成部分，是实现机电一体化产品功能最基本的部件。随着机械行业不断向前发展，各种新型技术不断创新，尤其是电子技术被广泛应用于机械系统，越来越多的机电一体化设备横空出世，有可上九天揽月的月球车，也有下五洋捉鳖的水下机器人。这些成果均是在满足对机械系统，特别是精密机械系统较高要求的前提下取得的。如今，与机械系统，特别是精密机械系统相关的技术广泛地应用于国民经济、国防等各个领域，如科学仪器、自动化仪表、精密加工机床、医疗器械、计算机外围设备、仿生技术中的机械臂机器人、宇航技术火箭卫星和测控伺服系统等。

第一节 概 述

机械系统是机电一体化的重要组成部分，主要包括传动机构、执行机构和导向机构等部分，以及机座、支架、壳体等。机械系统的功能是将一种机械量变换成与目的要求相对应的另一种机械量，以完成规定的动作，传递功率、运动和信息，支承、连接相关部件等。在进行机械系统设计时，除考虑一般机械设计要求外，还需要考虑机械结构因素与整个伺服系统的性能参数、电气参数的匹配，以获得良好的伺服性能。

一、精密机械系统的特点及要求

机电一体化系统精密机械系统与一般机械系统应有区别，不能将它设计成简单、笨重的机械系统。除了要具有较高的定位精度等静态特性之外，机电一体化系统精密机械系统还应具有特别良好的动态响应特性，即动作响应要快、稳定性要好。这里所说的机械系统一般由减速装置、丝杠螺母副、蜗轮蜗杆副等各种线性传动部件，连杆机构、凸轮机构等非线性传动部件，导向支承部件、旋转支承部件、轴系及架体等机构组成。为确保机电一体化系统精密机械系统的传动精度和工作稳定性，在设计中，常提出无间隙、低摩擦、低惯量、高刚度、高谐振频率、适当的阻尼比等高要求。

为达到上述高要求，主要从以下几方面采取措施。

（1）采用低摩擦阻力的传动部件和导向支承部件，如采用滚珠丝杠副、波动导向支承、动（静）压导向支承等。

（2）缩短传动链，提高传动与支承刚度。例如：用加紧的方法提高滚珠丝杠副和滚动导轨副的传动与支承刚度；采用大扭矩、宽调速的直流或交流伺服电动机，将其直接与丝杠螺母副连接，以减少中间传动机构；在丝杠的支承设计中采用两端轴向预紧或预拉伸支承结构等。

（3）选用最佳传动比，以达到提高系统的分辨率、减少等效到执行元件输出轴上的等效转动惯量的目的，尽可能提高加速能力。

（4）缩小反向死区误差，如采取消除传动间隙、减少支承变形等措施。

（5）改进支承及架体的结构设计，以提高刚性、减少振动、降低噪声。例如，选用复合材料等来提高刚度和强度，减轻质量，缩小体积使结构紧密化，以确保系统的小型化、轻量化、高速化和高可靠性化。

上述的措施反映了机电一体化系统设计的特点，精密机械系统设计要格外注意典型的传动部件、导向支承部件和旋转支承部件以及架体等的结构设计和选择问题，不满足上述静、动态特性要求的机械装置不能选用。

二、机械系统的组成

一个典型的机电一体化产品的机械系统主要包括以下几大部分。

（一）传动机构

机电一体化机械系统中的传动机构不仅仅是转速和转矩的变换器，而是已成为伺服系统的一部分。它要根据伺服控制的要求进行选择和设计，以满足整个机械系统良好的伺服性能要求。因此，传动机构不仅要满足传动精度的要求，而且要满足小型、轻量、高速、低噪声和高可靠性要求。

（二）执行机构

执行机构是用以完成操作任务的直接装置。执行机构根据操作指令的要求在动力源的带动下，完成预定的操作。一般要求它具有较高的灵敏度和精确度及良好的重复性和可靠性。计算机的强大功能使传统的作为动力源的电动机发展为具有变速与执行等多重功能的伺服电动机，从而大大地简化了传动机构和执行机构。

（三）导向机构

导向机构的作用是支承和导向，为机械系统中各运动装置能安全、准确地完成其特定方向的运动提供保障。导向机构通常包括导轨、轴承等。

除以上三个部分外，机电一体化系统的机械部分通常还包括机座、支架、壳体等。

第二节　机电一体化系统机械特性分析

机电一体化系统中各子系统的输入与输出之间不一定成比例关系，可具有某种频率特性（动态特性或传递函数），即输出可能具有与输入完全不同的性质。机械系统一般都具有非线性环节，在非线性不能忽略时，只能用微分方程来研究其特性。

一、机械系统特性建模

机械系统是由轴、轴承、丝杠及连杆等机械零件构成的，它的功能是将一种机械量变换成与目的要求对应的另一种机械量。例如，有的连杆机构就是将回转运动变换为直线运动。机械系统在传递运动的同时还进行力（或转矩）的传递。因此，机械系统的各构成零部件必须具有承受其所受力（或转矩）的足够强度和刚度的尺寸。但尺寸一大，质量和转动惯量就大，系统的响应就慢。

如图 3-1（a）所示，输入为力 $F_x(t)$ 时，响应为 $F_y(t)$，或 $y(t)=f(x(t))$。系统负载质量和惯量不同，系统的响应快慢也不同。含有机械负载的机械系统的动态特性如图 3-1（b）所示。

如果是齿轮减速器，机构的运动变换函数 $y=f(x)=x/i$ 就是线性变换。由图 3-1（b）可知，$F_x=F_m+\dfrac{\mathrm{d}y}{\mathrm{d}x}F_y$。若只考虑机构的转动惯量 J_M，即 $F_x=F_m=J_M\ddot{x}$，则机构的动态特性为 $X(s)/F_x(s)=1/(J_Ms^2)$；若只考虑负载的转动惯量 J_L，即 $F_x=\dfrac{\mathrm{d}y}{\mathrm{d}x}$，$F_y=\dfrac{1}{i}\cdot J_L\ddot{y}$，则机构的动态特性为 $X(s)/F(s)=i2/(J_Ms^2)$。因此，机构总体的动态特性以传递函数形式可表示为

$$\frac{X(s)}{F_x(s)}=\frac{1}{[(J_M+J_L/i^2)s^2]} \qquad (3-1)$$

如果运动变换是非线性变换，就不能用上述传递函数表示，只能用微分方程表示：

$$F_x=F_m(x,\dot{x},\ddot{x})+\frac{\mathrm{d}f(x)}{\mathrm{d}t}F_y(y,\dot{y},\ddot{y}) \qquad (3-2)$$

式中　$y=f(x)$，$\dot{y}=\left(\dfrac{\mathrm{d}f}{\mathrm{d}t}\right)\dot{x}$，$\ddot{y}=\left(\dfrac{\mathrm{d}f}{\mathrm{d}t}\right)\ddot{x}+\left(\dfrac{\mathrm{d}^2f}{\mathrm{d}x^2}\right)\dot{x}^2$，$F_y=J_L\ddot{y}$，$F_m=J_M\ddot{x}$。

机构通过这样的线性变换或非线性变换可以产生各种各样的运动。在选择动力元件和给定运动指令时，一定要考虑伴随这些运动的动态特性。

机电一体化系统的传动机构有线性传动机构，也有非线性传动机构。常用的线性传动机构有齿轮传动机构、同步带传动机构等。

(a) 输入及其响应　　　　　　　（b）动态特性

图 3-1　机械系统特性的一般表示

二、机构静力学特性分析

机构静力学特性分析所研究的问题如下。

（1）机构输出端所受负载（力或转矩）向输入端的换算。

（2）机构内部的摩擦力（或转矩）对输入端的影响。

（3）求由上述各种力或重力加速度引起的机构内部各连杆、轴承等的受力。

其中，第一、第二个问题对研究机电一体化系统设计中的机电有机结合最重要；第三个问题是机构的强度、刚度设计中要研究的重要问题，此处予以省略。

（一）负载（力或转矩）向输入端的换算

当机构内部摩擦损失小时，应用虚功原理很容易进行这种换算。在图3-2所示的单输入——单输出系统中，设微小输入位移为∂x，由此产生的微小输出位移为∂y，则输入的功为$F_x \partial x$，输出功为$F_y \partial y$，如果忽略内部损失，则可得

$$F_x \partial x = F_y \partial y \qquad (3-3)$$

$$f(x)=y$$

图3-2 单输入——单输出系统

若机构的运动变换函数为$y=f(x)$，则力的换算关系就可以写成

$$F_x = \frac{\partial y}{\partial x} F_y = \frac{\mathrm{d}y}{\mathrm{d}x} F_y \qquad (3-4)$$

在机构学中，将$\mathrm{d}y/\mathrm{d}x=0$状态称为变点（方案点）。在$\mathrm{d}y/\mathrm{d}x=0$附近，用很小的$F_x$就可得到很大的$F_y$。将$\mathrm{d}y/\mathrm{d}x=\square$的状态称为死点。在这种状态下，不论输入多大力（或转矩），也不会产生输出力（或转矩）。

对于图3-3所示的多输入-多输出系统，也可用虚功原理导出输入与输出的变换关系。应用虚功原理对多输入-多输出系统的负载（力或转矩）进行换算，则输入功的总和与输出功的总和分别为

$$\begin{cases} F_x \cdot \partial x = T_1 \partial \varphi_1 + T_2 \partial \varphi_2 + \cdots + T_n \partial \varphi_n \\ F_y \cdot \partial y = M_1 \partial \theta_1 + M_2 \partial \theta_2 + \cdots + M_m \partial \theta_m \end{cases} \qquad (3-5)$$

式中　∂x——微小输入位移，$\partial x = (\partial \varphi_1, \partial \varphi_2, \cdots, \delta\varphi_n)'$；

　　　∂y——微小输出位移，$\partial y = (\partial \theta_1, \partial \theta_2, \cdots, \partial \theta_m)'$；

　　　F_x——输入力（或转矩），$F_x = (T_1, T_2, \cdots, T_n)$；

　　　F_y——输出力（或转矩），$F_y = (M_1, M_2, \cdots, M_m)$。

若忽略内部损失，用 F_x 表示输入力（或转矩）时，可写成

$$F_x = \left(\frac{\partial y}{\partial x}\right)' F_y \qquad (3-6)$$

式中 $\left(\dfrac{\partial y}{\partial x}\right)'$——力（或转矩）的变换系数，是 $n \times m$ 矩阵。

图 3-3 多输入——多输出系统

$$f(x) = y$$

（二）机构内部摩擦力对输入端的影响

机构内部摩擦力的影响一般分为线性变换机构和非线性变换机构来研究。图 3-4 所示的滑动丝杠变换机构（又称滑动丝杠副）为线性变换机构，现以其为例分析滑动摩擦的影响。该机构的运动变换关系为 $y = (r_o \tan\beta)\,\varphi$，其中 $2r_o$ 为丝杠螺纹中径，φ 为丝杠转角，β 为螺旋角。图 3-4 中，$T_x = F_x r_o$ 是使丝杠产生转动所需的转矩，F_y 为螺母所受的向上的推力。设摩擦系数为 μ，则沿螺纹表面丝杠对螺母的作用力（摩擦力）为 μF_n；设 F_n、μF_n 在 x、y 方向的分力为 F_x、F_y，则：

$$\begin{cases} F_x = F_n \sin\beta + \mu F_n \sin\beta \\ F_y = F_n \cos\beta - \mu F_n \cos\beta \end{cases} \qquad (3-7)$$

图 3-4 滑动丝杠变换机构

可以推出：

$$T_x = F_x r_o = F_y r_o \tan(\beta + \rho) \tag{3-8}$$

式中　ρ——摩擦角，$\rho = \arctan\mu$。

从 F_y 向 T_x 的变换系数为 $r_o\tan(\beta+\rho)$，由于摩擦阻力的存在，该值会有变化，但不受输入转角 φ 的影响。

以图 3-5 所示的曲柄滑块机构为例分析非线性变换机构中摩擦的影响。该机构的运动变换关系为 $y = a\cos\varphi + \sqrt{b^2 - a^2 \sin^2\varphi}$，设连杆 BC 作用于滑块的力为 F_c，固定杆 AC 支承滑块的力为 F_n，摩擦力为 μF_n，外负载力为 F_y，则

$$\begin{cases} F_n = F_c\sin\beta \\ F_y = \mu F_n = F_c\cos\beta \\ T = aF_c\sin(\varphi + \beta) \end{cases} \tag{3-9}$$

式中　T——曲柄转矩（N·m）；

　　　a——曲柄半径（m）；

　　　ρ—摩擦角（°）；

　　　β——连杆摆角（°）；

　　　φ——曲柄摆角（°）。

图 3-5　曲柄滑块机构

解出：

$$T = \frac{a\cos\rho\sin(\varphi + \beta)}{\cos(\beta + \rho)}F_y$$

由于摩擦力的存在，从 F_y 向 T 的变换系数与 φ 有关，但 T 与 F_y 不是比例关系。当 $\beta+\rho<\pi/2$ 时，T 与 F_y 的比值是有限的，但当 $(\beta+\rho) \approx \pi/2$ 时，T 与 F_y 的比值会非常大。在这种状态下，运动部件是不能动的。摩擦力会使机电一体化系统的整体特性变差，因此要尽可能减小摩擦阻力。

三、机构动力学特性分析

机构动力学主要研究构成机构要素的惯性和机构中各元部件弹性引起的振动。

（一）平面运动机构要素的动态力及动态转矩

图 3-6 所示的刚体是平面运动机构的一个要素。图 3-6 中，G 为刚体重心，r 为重心的位置矢量，θ 为刚体回转角，r_i 为重心到受力点的位置矢量，m 为刚体质量，J

为刚体绕其重心的转动惯量。该刚体的平面运动可用平动 $r = (x, y)$ 与转角 θ 来表示。当刚体受到来自其他连杆的作用力 F_1, F_2, $\cdots$, F_n 时，刚体重心 $r(t)$，转角 $\theta(t)$ 与力之间的关系可用下式表示。

$$F_d = \sum_i F_i = mY \qquad (3-10)$$

$$M_d = \sum_i r_i \times F_i = \ddot{j}\theta \qquad (3-11)$$

这是维持该机构要素的运动 (r, θ) 所必需的动态力矩 F_d 和动态转矩 M_d。

图 3-6　刚体平面运动的动力学

（二）机构输出端的弹性变形与动态特性

机械零件不管是连杆还是轴承受力后都有一定的变形。设零件受力 F 后变形量为 δ，弹性刚度为 $K = F/\delta$，刚度小，变形就大，零件的稳定性就差。刚度是影响运动精度的因素之一，系统高速运动时刚度甚至会使得系统产生振动，对系统的影响更大。

当机构的运动周期（或角频率）与系统内部的固有振动周期 τ_n 或固有振动频率 ω_n 一致时，会引起共振而导致机械破坏。机械系统设计中应该避免这种情况。

机构内的弹性可以通过建立模型换算到输出端，进而研究机构的动态特性。但是对于有的机构（或系统）的弹性（如多连杆机构连杆的弹性），由于难以建立模型，不能换算到输出端，常需要采用现代设计方法中的有限元分析方法进行计算。

四、机械传动系统的传动特性

（一）转动惯量

转动惯量是物体转动时惯性的度量，转动惯量越大，物件的转动状态就越不容易改变（变速）。利用能量守恒定律可以实现物体各种运动形式下的转动惯量的转换，将传动系统的各个运动部件的转动惯量折算到特定轴（一般是伺服电动机轴）上，然后将这些折算转动惯量（包括特定轴自身的转动惯量）求和，获得整个传动系统对特定轴的等效转动惯量。

传动系统折算到电动机轴上的转动惯量过大所产生的影响有：使电动机的机械负载增大；使机械传动系统的响应变慢；使系统的阻尼比减小，从而使系统的振荡增强、稳定性下降；使机械传动系统的固有频率下降，机械传动系统容易产生谐振，因而限制了伺服带宽，影响了伺服精度和响应速度。转动惯量的适当增大对改善低速爬行是有利的。

（二）惯量匹配原则

实践与理论分析表明，J_L/J_M 比值大小对伺服系统的性能有很大的影响，且与直流伺服电动机的种类及其应用场合有关，通常分为两种情况。

（1）对于采用惯量较小的直流伺服电动机的伺服系统，J_L/J_M 比值通常推荐为

$$1 \leqslant J_L/J_M \leqslant 3 \qquad (3-12)$$

当 $J_L/J_M > 3$ 时，对直流伺服电动机的灵敏度与响应时间有很大的影响，甚至会使伺服放大器不能在正常调节范围内工作。

小惯量直流伺服电动机的惯量 J_M 低至 $5 \times 10^{-3} \ kg \cdot m^2$。小惯量直流伺服电动机的特点是转矩/惯量比值大，机械时间常数小，加减速能力强，所以它的动态性能好，响应快。但是，使用小惯量直流伺服电动机时，容易发生对电源频率的响应共振，当存在间隙、死区时容易造成振荡或蠕动，这才提出了"惯量匹配原则"，并在数控机床伺服进给系统采用大惯量直流伺服电动机。

（2）对于采用大惯量直流伺服电动机的伺服系统，J_L/J_M 比值通常推荐为

$$0.25 \leqslant J_L/J_M m \leqslant 1 \qquad (3-13)$$

所谓大惯量是相对小惯量而言的，其数值 $J_M = 0.1 \sim 0.6 \ kg \cdot m^2$。大惯量宽调速直流伺服电动机的特点是：惯量大，转矩大，且能在低速下提供额定转矩，常常不需要传动装置而与滚珠丝杠直接相连，而且受惯性负载的影响小，调速范围大；热时间常数有的长达 100 min，比小惯量电动机的热时间常数 2～3 min 长得多，并允许长时间的过载，即过载能力强；转矩/惯量比值高于普通电动机而低于小惯量直流伺服电动机，其快速性在使用上已经足够。因此，采用这种直流伺服电动机能获得优良的调速范围及刚度和动态性能。

（三）摩擦

当两物体有相对运动趋势或已产生相对运动时，它们的接触面间产生摩擦力。摩擦力可分为静摩擦力、库仑摩擦力和黏性摩擦力（动摩擦力=库仑摩擦力+黏性摩擦力）三种。

负载处于静止状态时，摩擦力为静摩擦力，它随着外力的增加而增加，最大值发生在运动前的瞬间。运动一开始，静摩擦力消失，静摩擦力立即下降为库仑摩擦力，大小为一常数 $F = \mu m g$，随着运动速度的增加，摩擦力线性增加，此时的摩擦力为黏

性摩擦力（与速度成正比的阻尼称为黏性阻尼）。由此可见，仅黏性摩擦是线性的，静摩擦和库仑摩擦都是非线性的。

摩擦对机电一体化伺服传动系统的主要影响是：降低系统的响应速度；引起系统的动态滞后和产生系统误差；在接近非线性区，即低速时系统产生爬行现象。

机电一体化伺服传动系统中的摩擦力主要产生于导轨副，且摩擦特性随材料和表面形状的不同而有很大的差别。在使用中应尽可能减小静摩擦力与动摩擦力的差值，并使动摩擦力尽可能小且产生正斜率较小的变化，即尽量减小黏性摩擦力。适当增大系统的惯性 J 和黏性摩擦系数 f，有利于改善低速爬行现象，但惯性增大会引起伺服传动系统响应性能降低，增大黏性摩擦系数也会增加伺服传动系统的稳态误差，设计时应优化处理。

根据经验，克服摩擦力所需的电动机转矩 T_f 与电动机额定转矩 T_K 的关系为

$$0.2T_K < T_f < 0.3T_K \tag{3-14}$$

所以，要最大限度地消除摩擦力、节省电动机转矩，将节省的电动机转矩用于驱动负载。

（四）爬行

产生爬行现象的区域就是动静摩擦转变的非线性区，非线性区越宽，爬行现象就越严重。下面以爬行机理分析爬行现象。

图 3-7 所示是典型机械进给传动系统模型。当丝杠 1 作极低的匀速运动时，工作台 2 可能会出现一快一慢或跳跃式的运动，这种现象称为爬行。

图 3-7　典型机械进给传动系统模型

1—丝杠；2—工作台

1. 产生爬行现象的原因和过程

图 3-8 所示为爬行现象模型图。匀速运动的主动件 1 通过压缩弹簧推静止的运动件 3，当运动件 3 受到的逐渐增大的弹簧力小于静摩擦力 F 时，运动件 3 不动。直到弹簧力刚刚大于 F 时，运动件 3 才开始运动，动摩擦力随着动摩擦系数的降低而变小，运动件 3 的速度相应增大，同时弹簧相应伸长，作用在运动件 3 上的弹簧力逐渐减小，运动件 3 产生负加速度，速度降低，动摩擦力相应增大，直到运动件 3 停止运动，主动件 1 这时再重新压缩弹簧，爬行现象进入下一个周期。

由上述分析可知，低速爬行现象的产生与否主要取决于下列因素。

（1）静摩擦力与动摩擦力之差。这个差值越大，越容易产生低速爬行现象。

图 3-8 爬行现象模型图

1—主动件；2—弹簧组件；3—运动件；4—工作台

（2）进给传动系统的刚度 K。K 越小，越容易产生低速爬行现象。

（3）运动速度。运动速度太低，容易产生低速爬行现象。

2. 不发生爬行的临界速度

不发生爬行的临界速度可按下式进行估算。

$$V_K = \frac{\Delta F}{\sqrt{4\pi\xi Km}} \qquad (3-15)$$

式中 V_K——不发生爬行的临界速度（m/s）；

　　　ΔF——静、动摩擦力之差（N）；

　　　K——传动系统的刚度（N/m）；

　　　ξ——阻尼比；

　　　m——从动件的质量（kg）。

适当增大系统的惯性 J 和黏性摩擦系数 f 有利于降低系统的临界速度，有利于改善低速进给爬行现象，但惯性增大会导致伺服传动系统的响应性能降低，黏性摩擦系数增大也会增加伺服传动系统的稳态误差，设计时应优化处理。

3. 实际工作中消除爬行现象的途径

（1）提高传动系统的刚度。①在条件允许的情况下，适当提高各传动件或组件的刚度，减小各传动轴的跨度，合理布置轴上零件的位置。例如，适当地增大传动丝杠的直径、缩短传动丝杠的长度、减小或消除各传动副之间的间隙。②尽量缩短传动链，减少传动件数，减小弹性变形量。③合理分配传动比，使多数传动件受力较小、变形较小。④对于丝杠螺母机构，应采用整体螺母结构，以提高丝杠螺母的接触刚度和传动刚度。

（2）减少摩擦力的变化。①用滚动摩擦、流体摩擦代替滑动摩擦，如采用滚珠丝杠、静压螺母、滚动导轨和静压导轨等。从根本上改变摩擦面间的摩擦性质，基本上可以消除爬行现象。②选择适当的摩擦副材料，降低摩擦系数。③降低作用在导轨面的正压力，如减轻运动部件的质量，采用各种卸荷装置，以减小摩擦阻力。④提高导轨的制造与装配质量、采用导轨油等。

综上所述，机电一体化系统对机械传动部件摩擦特性的要求为：静摩擦力尽可能小；静、动摩擦力的差值尽可能小；动摩擦力应为尽可能小的正斜率，因为负斜率易产生爬行，会降低系统的精度、缩短系统的使用寿命。

（五）阻尼

机械部件振动时，金属材料内摩擦较小（附加的非金属减振材料内摩擦较大），运动副特别是导轨的摩擦阻尼是主要的。实际应用摩擦阻尼时，一般都将它简化为黏性摩擦的线性阻尼。

伺服机械传动系统总可以用二阶线性常微分方程来描述（大多数机械系统均可简化为二级系统），这样的环节称为二阶系统。从力学意义上讲，二阶系统是一个振荡环节。当机械传动系统产生振动时，系统中的阻尼比越大，系统的最大振幅就越小且衰减得越快。系统阻尼比为

$$\xi = \frac{B}{2\sqrt{mK}} \qquad\qquad (3-16)$$

式中　B——黏性阻尼系数；

　　　m——系统的质量（kg）；

　　　K——系统的刚度。

阻尼比大小对机械传动系统的振动特性有不同的影响，具体如下。

（1）$\xi=0$ 时，系统处于等幅持续振荡状态，因此系统不能没有阻尼，任何机电系统都具有一定的阻尼。

（2）$\xi>1$ 称为过阻尼系统；$\xi=1$ 称为临界阻尼系统。系统在这两种情况下工作时不振荡，但响应速度慢。

（3）$0<\xi<1$ 称为欠阻尼系统。在 ξ 值为 0.5~0.8（即在 0.707 附近）范围内时，系统不但响应比在临界阻尼或过阻尼情况下快，而且能更快地达到稳定值。但当 $\xi<0.5$ 时，系统虽然响应更快，但振荡衰减得很慢。

在进行系统设计时，考虑综合性能指标，一般取 $\xi=0.5~0.8$。

（六）刚度

刚度是使弹性物体产生单位变形所需要的作用力。对于机械传动系统来说，刚度包括零件产生各种弹性变形的刚度和两个零件接触面的接触刚度，静态力与变形之比为静刚度；动态力（交变力、冲击力）与变形之比为动刚度。

当伺服电动机带动机械负载运动时，机械传动系统的所有元件都会受力而产生不同程度的弹性变形。弹性变形的程度可用刚度 K 表示。它将影响系统的固有频率。随着机电一体化技术的发展，机械系统弹性变形与谐振分析成为机械传动与结构设计中的一个重要问题。对于伺服机械传动系统，增大系统的传动刚度有以下好处。

（1）可以减少系统的死区误差（失动量），有利于提高传动精度。

（2）可以提高系统的固有频率，有利于提高系统的抗振性。

（3）可以增加闭环控制系统的稳定性。

（七）谐振频率

根据自动控制理论，避免系统谐振，需使激励频率远离系统的固有频率，在不失真条件下应使 $\omega<0.3\omega n$，通常可通过提高系统刚度、调整机械构件质量和自激频率提高系统的防谐振能力。通常可通过采用弹性模量高的材料，合理选择零件的截面形状和尺寸，对齿轮、丝杠、轴承施加预紧力等方法提高系统的刚度。在不改变系统固有频率的情况下，通过增大阻尼比也能有效抑制谐振。

当输入信号的激励的频率等于系统的谐振频率，即

$$\omega =\omega_n \sqrt{1-2\xi^2} \tag{3-17}$$

$$A(\omega)=\frac{1}{2\xi\sqrt{1-\xi^2}} \tag{3-18}$$

时，系统会产生共振，从而不能正常工作。在实际应用中，在不产生误解的情况下，常用固有频率近似谐振频率（随着阻尼比 ξ 的增大，固有频率与谐振频率的差距越来越大），此时：

$$\omega =\omega_n \tag{3-19}$$

$$A(\omega)=\frac{1}{2\xi} \tag{3-20}$$

对于质量为 m、拉压刚度系数为 K 的单自由度直线运动弹性系统，其固有频率为

$$\omega_n=\sqrt{\frac{K}{m}} \tag{3-21}$$

对于转动惯量为 J、扭转刚度系数为 K 的单自由度旋转运动弹性系统，其固有频率为

$$\omega_n=\sqrt{\frac{K}{J}} \tag{3-22}$$

固有频率的大小不同将影响闭环系统的稳定性和开环系统中死区误差的值。

对于闭环系统，要求机械传动系统中的最低固有频率（最低共振频率）必须大于电气驱动部件的固有频率。表 3-1 所示为进给驱动系统中各最低固有频率的相互关系。

表 3-1 进给驱动系统各最低固有频率的相互关系

位置调节环的最低固有频率 ωop	40～120 rad/s
电气驱动（速度环）的最低固有频率 ωOA	2～3ωop
机械传动系统中的最低固有频率 ωOI	2～3ωoA
其他机械部件的最低固有频率 ωOi	2～3ωoI

对于机械传动系统，它的固有频率取决于系统各环节的刚度及惯量。因此，在机械传动系统的结构设计中，应尽量降低惯量、提高刚度，以达到提高机械传动系统固

有频率的目的。

对于开环伺服系统，虽然稳定性不是主要问题，但是若传动系统的固有频率太低，则也容易引起振动，从而影响系统的工作效果。一般要求机械传动系统最低固有频率大于或等于 300 rad/s，其他机械系统的最低固有频率大于或等于 600 rad/s。

（八）间隙

机械传动装置一般都存在传动间隙，如齿轮传动的齿侧间隙、丝杠螺母的传动间隙等。这些间隙是造成死区误差（不灵敏区）的原因之一。对于伺服机械传动系统，由于传动精度是重要的指标，故应尽量减小或消除间隙，保证系统的精度和稳定性。

系统闭环以外的间隙，对系统稳定性无影响，但影响到伺服精度。由于齿隙、丝杠螺母间隙的存在，传动装置在逆运行时会出现回程误差，使得输出与输入间出现非线性，输出滞后输入，影响系统的精度。系统闭环内的间隙在控制系统有效控制范围内对系统精度、稳定性影响较小，且反馈通道上的间隙要比前向通道上的间隙对系统的影响较大。

第三节　机械传动系统设计

机械传动系统是指把动力机产生的机械能传送到执行机构上去的中间装置，使执行元件与负载之间在转矩与转速方面得到最佳匹配。

一、机械传动系统的功能和要求及伺服机械系统的特点

（一）机械传动系统的功能

对于工作机中的传动机构，既要求能实现运动转换，又要求能实现动力转换；对于信息机中的传动机构，主要要求实现运动的转换；对于动力传动机构，只需要克服惯性力（力矩）和各种摩擦力（力矩）以及较小的工作负载即可。机电一体化系统的传动机构及其功能如表 3-2 所示。

表 3-2　机电一体化系统的传动机构及其功能

传动机构	基本功能					
	运动的转换				动力的转换	
	形式	行程	方向	速度	大小	形式
丝杠螺母机构	▲				▲	▲
齿轮传动机构			▲	▲	▲	
齿轮齿条传动机构	▲					▲
链轮链条传动机构	▲					

续表 3-2

传动机构	基本功能					
	运动的转换				动力的转换	
	形式	行程	方向	速度	大小	形式
带传动机构			▲	▲		
缆绳、绳轮杠杆机构	▲	▲	▲	▲▲	▲▲	▲
连杆机构	▲	▲	▲	▲		
凸轮机构	▲	▲	▲	▲		
摩擦轮传动机构			▲	▲	▲	
万向节传动机构			▲			
软轴传动机构			▲			
蜗轮蜗杆机构			▲	▲	▲	
间歇机构	▲					

从表 3-2 中可以看出，传动机构至少可以满足一项或可以同时满足几项功能的要求。例如：齿轮齿条传动机构既可将直线运动或回转运动转换为回转运动或直线运动，又可将直线驱动力或转矩转换为转矩或直线驱动力；带传动机构、蜗轮蜗杆机构及各类齿轮减速器（如谐波齿轮减速器）既可进行升速或降速，也可进行转矩大小的转换。

（二）机械传动系统的要求

机械传动部件对伺服系统的伺服特性有很大影响，特别是其传动类型、传动方式、传动刚性以及传动的可靠性，对机电一体化系统的精度、稳定性和快速响应性有重大影响。随着机电一体化技术的发展，要求传动机构不断适应新的技术要求。具体体现在以下三个方面。

1. 精密化

对于某种特定的机电一体化产品来说，应根据其性能的需要提出适当的精密度要求，虽然不是越精密越好，但由于要适应产品的高定位精度等性能的要求，对机械传动机构的精密度要求越来越高。

2. 高速化

产品工作效率的高低直接与机械传动部分的运动速度相关。因此，机械传动机构应能适应高速运动的要求。

3. 小型化、轻量化

随着机电一体化系统（或产品）精密化、高速化的发展，必然要求其传动机构小型化、轻量化，以提高运动灵敏度（响应性）、减小冲击、降低能耗。为了与电子部件的微型化相适应，也要尽可能做到使机械传动部件短小轻薄化。

（三）伺服机械系统的特点

为了实现精密传动及控制，目前常用伺服机械系统。伺服机械系统是指以机械运动量作为控制对象的自动控制系统，又称为随动系统。伺服机械系统中所采用的机械传动装置，简称为伺服机械传动系统。它是伺服机械系统的一个组成环节，广泛应用于数控机床、计算机外部设备、工业机器人等机电一体化系统中。

伺服机械传动系统是整个伺服机械系统的一个组成环节，作用是传递扭矩、转速和进行运动转换，使伺服电动机和负载之间的转矩与转速得到匹配。伺服机械传动系统往往将伺服电动机输出轴的高转速、低转矩转换成为负载轴所要求的低转速、高转矩或将回转运动转换成直线运动。伺服机械传动系统大功率传动装置，既要考虑强度、刚度，也要考虑精度、惯量、摩擦、阻尼等因素；小功率传动装置主要考虑精度、惯量、摩擦、刚度、阻尼等因素。伺服机械系统需求系统无间隙、低摩擦、低惯量、高刚度、高谐振频率、有适当的阻尼比。

本书将机械传动系统分为精密机械传动系统和非精密机械传动系统。精密机械传动系统主要包括丝杠螺母机构、滚珠花键传动机构、齿轮传动机构、谐波齿轮传动机构；非精密机械传动系统主要包括挠性传动机构、软轴传动机构、联轴器传动机构及间歇传动机构等。

二、丝杠螺母机构

（一）丝杠螺母机构的类型及传动形式

丝杠螺母机构又称螺旋传动机构。它主要用来将旋转运动变为直线运动或将直线运动变为旋转运动。既有以传递能量为主的丝杠螺母机构（如螺旋压力机、千斤顶等），也有以传递运动为主的丝杠螺母机构（如工作台的进给丝杠），还有调整零件之间相对位置的丝杠螺母机构（螺旋传动机构）等。

丝杠螺母机构有滑动和滚动之分。滑动丝杠螺母机构结构简单、加工方便、制造成本低，具有自锁功能，但其摩擦阻力大，传动效率低（30%~40%）。滚动丝杠螺母机构虽然结构复杂、制造成本高，但具有摩擦阻力小、传动效率高（92%~98%）等优点，因此在机电一体化系统中得到了广泛应用。

根据丝杠和螺母相对运动的组合情况，丝杠螺母机构基本传动形式有图3-9所示的4种类型。

1. 螺母固定、丝杠转动并移动，如图3-9（a）所示

该传动形式因螺母本身起着支承作用，消除了丝杠轴承可能产生的附加轴向窜动，结构较简单，可获得较高的传动精度，但其轴向尺寸不宜太长，否则刚性较差，因此只适用于行程较小的场合。

2. 丝杠转动、螺母移动，如图3-9（b）所示

该传动形式需要限制螺母的转动，故需要导向装置。这种传动形式结构紧凑，丝杠刚性较好，适用于工作行程较大的场合。

3. 螺母转动、丝杠移动，如图3-9（c）所示

该传动形式需要限制螺母的移动和丝杠的转动，由于结构较复杂且占用轴向空间较大，故应用较少。

4. 丝杠固定、螺母转动并移动，如图3-9（d）所示

该传动形式结构简单、紧凑，但在多数情况下使用极不方便，故很少应用。

此外，还有差动传动形式，它的传动原理如图3-10所示。采用该传动形式的丝杠螺母机构丝杠上有基本导程（或螺距）不同的（如 l_{01}、l_{02}）两段螺纹，两段螺纹的旋向相同。当丝杠2转动时，可动螺母1的移动距离 $s = n (l_{01} - l_{02})$（n 为丝杠转速）。如果两基本导程相差较小，则可获得较小的位移 s。因此，这种传动形式多用于各种微动机构中。

图3-9 丝杠螺母机构基本传动形式

图3-10 差动传动原理
1-可动螺母；2—丝杠

（二）滚珠丝杠传动机构

1. 滚珠丝杠传动机构的组成及特点

滚珠丝杠传动机构又称滚动丝杠副。滚珠丝杠是将回转运动转换为直线运动，或将直线运动转换为回转运动的理想产品。具有螺旋槽的丝杠与螺母之间装有中间传动元件滚珠，滚珠丝杠是滚珠螺丝的进一步延伸和发展，将轴承由滚动动作变成滑动动作。由于具有很小的摩擦阻力，滚珠丝杠被广泛应用于各种工业设备和精密仪器，也是精密机械上最常使用的传动元件。

图 3-11　滚珠丝杠传动机构构成原理
1—反向器；2—螺母；3—丝杠；4—滚珠

　　如图 3-11 所示，滚珠丝杠传动机构由反向器（滚珠循环反向装置）1、螺母 2、丝杠 3 和滚珠 4 等四个部分组成。丝杠或者螺母转动时，带动滚珠沿螺纹滚道滚动，滚珠在丝杠上滚过数圈后，通过回程引导装置，逐个地滚回到丝杠和螺母之间，构成了一个闭合的循环回路。丝杠和螺母之间为滚动摩擦。

　　滚珠丝杠传动机构的特点主要有以下几方面。

　　（1）传动效率高、摩擦损失小：传动效率相当于普通滑动丝杠传动机构（传动效率为 0.2~0.4）的 3~4 倍。滚珠丝杠传动机构相对于滑动丝杠传动机构来说，仅用较小的扭矩就能获得较大的轴向推力，功率损耗只有滑动丝杠传动机构的 1/4~1/3，这在机械传动小型化、快速响应及节省能源等方面，都具有重要意义。

　　（2）传动可逆性、非自锁性：普通的螺旋传动是指正传动，即把回转运动转换为直线运动；而滚珠丝杠传动机构不仅能实现正传动，还能实现逆传动（将直线运动转换为旋转运动），而且逆传动效率同样可在 90% 以上。滚珠丝杠传动机构传动的特点有助于使用滚珠丝杠传动机构开拓新的机械传动系统，但另一方面滚珠丝杠传动机构的应用范围受到限制，在一些不允许产生逆运动的地方，如横梁的升降系统等，必须增设制动或自锁机构才可使用滚珠丝杠传动机构。

　　（3）传动精度高：滚珠丝杠传动机构属于精密机械传动机构，丝杠与螺母经过淬硬和精磨后，本身就具有较高的定位精度和进给精度。采用专门的设计，滚珠丝杠传动机构可以调整到完全消除轴向间隙，而且可以施加适当的预紧力，在不增加驱动力矩和基本不降低传动效率的前提下，提高滚珠丝杠传动机构的轴向刚度，进一步提高滚珠丝杠传动机构的正向、反向传动精度。滚珠丝杠传动机构的摩擦损失小，本身温度变化很小，丝杠尺寸稳定，有利于提高传动精度。由于滚动摩擦的启动摩擦阻力很小，所以滚珠丝杠传动机构的动作灵敏，且滚动摩擦阻力几乎与运动速度无关，这样就可以保证运动的平稳性，即使在低速下，仍可获得均匀的运动，保证了较高的传动精度。

（4）磨损小、使用寿命长：滚动磨损要比滑动磨损小得多，而且滚珠、丝杠和螺母都经过淬硬，所以滚珠丝杠传动机构长期使用仍能保持精度，工作寿命比滑动丝杠传动机构高5~6倍。

2. 滚珠丝杠传动机构滚珠的循环方式

滚珠的循环方式主要有内循环及外循环两种类型。

（1）内循环。滚珠始终与丝杠表面保持接触的循环称为内循环。内循环以一圈为循环，因而回路短，滚珠少，滚珠的流畅性好，灵敏度高，效率高，径向尺寸小，零件少，装配简单。内循环的缺点是反向器的回珠槽具有空间曲面，加工较复杂。内循环适用于高速、高灵敏度、高刚度的精密进给系统中。

采用内循环方式的滚珠在循环过程中始终与丝杠表面保持接触，如图3-12所示。在螺母1的侧面孔内装有接通相邻滚道的反向器3，利用反向器3引导滚珠2越过丝杠4的螺旋顶部进入相邻滚道，形成一个循环回路。一般在同一螺母上装有2~4个滚珠用反向器，并将其沿螺母圆周均匀分布。

（b）　　　　　　　　　　　　　　　　（b）

图3-12　滚珠的内循环

1—螺母；2—滚珠；3—反向器；4—丝杠

装有浮动式反向器的内循环滚珠丝杠螺母机构如图3-13所示。它的结构特点是浮动式反向器1与滚珠螺母上的安装孔有0.01~0.015 mm的配合间隙，浮动式反向器弧面上加工有圆弧槽，槽内安装拱形片簧4，外有弹簧套2，借助拱形片簧4的弹力，始终给浮动式反向器1一个径向推力，使位于回珠圆弧槽内的滚珠与丝杠3表面保持一定的压力，从而使槽内滚珠代替定位键而对浮动式反向器1起到自定位作用。这种反向器的优点是：在高频浮动中达到回珠圆弧槽进出口的自动对接，通道流畅，摩擦特性较好，更适用于高速、高灵敏度、高刚性的精密进给系统。

（2）外循环。滚珠在循环过程中有时与丝杠表面脱离接触的循环称为外循环。采用外循环时，滚珠循环回路长，流畅性差，效率低，工艺简单，螺母的径向尺寸大，易于制造，挡珠器刚性差，易磨损。外循环按结构形式可分为螺旋槽式、插管式和端盖式三种。①螺旋槽式：如图3-14所示，在螺母2外圆柱表面上铣出螺旋凹槽，槽两端钻出两个通孔与螺旋滚道相切，螺旋滚道内装入两个挡珠器4以引导滚珠3通过

图 3-13　装有浮动式反向器的内循环滚珠丝杠螺母机构
1—浮动式反向器；2—弹簧套；3—丝杠；4—拱形片簧

这两个孔，同时用套筒 1 盖住螺旋凹槽，构成滚珠循环回路。螺旋槽式工艺简单，径向尺寸小，易于制造，但挡珠器刚性差，易磨损。②插管式：如图 3-15 所示，用一弯管 1 代替螺旋凹槽，弯管 1 两端插入与螺纹滚道 5 相切的两个内孔，用弯管 1 端部引导滚珠 4 进入弯管 1，构成滚珠循环回路，再用压板 2 和螺钉将弯管 1 固定。插管式结构简单，容易制造，但是径向尺寸较大，弯管端部用作挡珠器比较容易磨损。③端盖式：如图 3-16 所示，在螺母 1 上钻出纵向孔作为滚子回程滚道，螺母 1 两端装有两块扇形盖板 2 或套筒，滚珠的回程道口就在盖板上。滚道半径为滚珠直径的 1.4~1.6 倍。

　　端盖式结构简单、工艺性好，但因滚道连接和弯曲处圆角不易准确制作而影响性能，故应用较少。实际中，常以单螺母形式用作升降传动机构。

图 3-14　螺旋槽式外循环结构
1—套筒；2—螺母；3—滚珠；4—挡珠器；5—丝杠

图 3-15 插管式外循环结构
1—弯管；2—压板；3—丝杠；4—滚珠；5—螺纹滚道

图 3-16 端盖式外循环结构
1—螺母；2—扇形盖板

3. 滚珠丝杠传动机构消除轴向间隙的调整方法

滚珠丝杠传动机构在承受负载时，滚珠与滚道接触点处将产生弹性变形。换向时，滚珠丝杠传动机构轴向间隙会引起空回，且是非连续的，既影响传动精度，又影响系统的动态性能。轴向间隙调整的目的是保证反向传动精度；预紧的目的是消除轴向间隙，提高传动刚度。轴向间隙的调整主要有双螺母螺纹预紧调整式、双螺母齿差预紧调整式、双螺母垫片预紧调整式、弹簧式自动预紧调整式和单螺母丝杠副的预紧调整式五种方法。

（1）双螺母螺纹预紧调整式。双螺母螺纹预紧调整式如图 3-17 所示。滚珠螺母 3 的外端有凸缘，而滚珠螺母 4 的外端虽无凸缘，但制有螺纹，并通过两个圆螺母固定。调整时，旋转调整螺母 2 消除轴向间隙并产生一定的预紧力，然后用锁紧螺母 1 锁紧。预紧后两个滚珠螺母中的滚珠相向受力，从而消除轴向间隙。双螺母螺纹预紧调整式的特点是：结构简单，刚性好，预紧可靠，使用中调整方便，但不能精确定量地进行调整。

(a)   (b)

图 3-17 双螺母螺纹预紧调整式
1—锁紧螺母；2—调整螺母；3，4—滚珠螺母

（2）双螺母齿差预紧调整式。双螺母齿差预紧调整式如图 3-18 所示。丝杠 4 两

端分别有一个制有圆柱齿轮的滚珠螺母 3，两者齿数相差一个齿（齿数 z_1、z_2，且 $z_1-z_2=1$），两端的两个内齿轮 2 与上述圆柱齿轮相啮合，并用螺钉和定位销固定在套筒 1 上。调整时，先取下两端的内齿轮 2，在两个滚珠螺母 3 相对于套筒 1 向同一方向同时转动一个齿后固定，一个滚珠螺母相对于另一个滚珠螺母产生相对角位移，使两个滚珠螺母产生相对移动，从而消除轴向间隙并产生一定的预紧力。

图 3-18　双螺母齿差预紧调整式

1—套筒；2—内齿轮；3—滚珠螺母；4—丝杠

　　双螺母齿差预紧调整式的特点是：可实现定量调整，使用时调整较方便，调整精度很高，可进行精密微调（如 0.002 mm），工作可靠，但结构复杂，加工工艺和装配性能较差。

　　当两个螺母按同方向转过一个齿时，所产生的相对轴向位移为

$$s = \left(\frac{1}{z_1} - \frac{1}{z_2}\right) np \qquad (3-23)$$

式中　n——滚珠螺母同方向转过的齿数；

　　　　p——丝杠的导程。

　　若 $z_1=99$，$z_2=100$，$n=1$，$p=6$ mm，则 $s=0.6\mu m$。

　　（3）双螺母垫片预紧调整式。双螺母垫片预紧调整式如图 3-19 所示。调整垫片 1 的厚度，可使两螺母 2 产生相对位移，以达到消除轴向间隙、产生预紧力的目的。双螺母垫片预紧调整式的特点是：结构简单，刚度高，预紧可靠，但使用中调整不方便。

(a)　　　　　　　　　　　　　　　　　(b)

图 3-19　双螺母垫片预紧调整式

1—垫片；2—螺母

（4）弹簧式自动预紧调整式。弹簧式自动预紧调整式如图 3-20 所示。两螺母一个活动，另一个固定，用弹簧使其间始终具有产生轴向位移的推动力，从而获得预紧力。弹簧式自动调整预紧式的特点是：能消除使用过程中因磨损或弹性变形产生的间隙，但结构复杂、轴向刚度低，适用于轻载场合。

图 3-20　弹簧式自动预紧调整式

（5）单螺母丝杠副的预紧调整式。单螺母丝杠副的轴向间隙消除相对困难些。目前单螺母丝杠副常用的消隙方法主要是单螺母变位螺距预加负荷（单螺母变位导程自预紧式）和单螺母螺钉预紧（单螺母滚珠过盈预紧式）。图 3-21 所示为单螺母变位导程自预紧式。它是在滚珠螺母体内的两列循环滚珠链之间，在内螺纹滚道轴向制作一个 ΔLo 的导程突变量，从而使两列滚珠产生轴向错位而实现预紧，预紧力的大小取决于 ΔL。和单列滚珠的径向间隙。它的特点是：结构简单、紧凑，但使用中不能调整，且制造困难。单螺母滚珠过盈预紧式的工作原理是：螺母在专业厂完成精磨之后，沿径向开一个薄槽，通过内六角螺钉实现间隙调整和预紧。

(a)　　　　　　　　　　　　　　(b)

图 3-21　单螺母变位导程自预紧式

4. 滚珠丝杠传动机构的支承方式及其特点

滚珠丝杠传动机构的四种典型支承方式及其特点如表3-3所示。

表3-3　滚珠丝杠传动机构的四种典型支承方式及其特点

序号	支承方式	简图	特点	支承系数	
				压杆稳定f_k	临界转速f_c
1	单推—单推 J-J		①轴向刚度较高； ②预拉伸安装时，需加载荷较大，轴承寿命比支承方式2低； ③适用于中速、高精度场合，并可用双推-单推组合	1	3.142
2	双推—双推 F-F		①轴向刚度最高； ②预拉伸安装时，需加载荷较小，轴承寿命较高； ③适用高速、高刚度、高精度场合	4	4.730
3	双推—简支 F-S		①轴向刚度不高，且轴向刚度与螺母位置有关； ②双推端可预拉伸安装； ③适用于中速、精度较高的长丝杠	2	3.927
4	双推—自由 F-O		①轴向刚度低，且轴向刚度与螺母位置有关； ②双推端可预拉伸安装； ③适用于中小载荷与低速场合，更适用于垂直安装的短丝杠	0.25	1.875

第一种支承方式的预紧轴承将会引起卸载，甚至产生轴向间隙，此时与第三、四种支承方式类似。对于第二种支承方式，它的卸载结果可能在两端支承中造成预紧力的不对称，且只能允许在某个伸长范围内，即要严格限制其温升，故这种高刚度、高精度的支承方式更适用于精密丝杠传动系统。普通机械常用第三、四种支承方式，采

用第三、四种支承方式费用比较低廉，前者用于长丝杠，后者用于短丝杠。

5. 滚珠丝杠传动机构制动装置与润滑

因滚珠丝杠传动效率高、无自锁作用，故在垂直安装状态，必须设置防止因驱动力中断而发生逆传动的自锁、制动或重力平衡装置。常用的制动装置有体积小、质量轻、易于安装的超越离合器。选购滚珠丝杠传动机构时，可同时选购相应的超越离合器。超越离合器如图 3-22 所示。

图 3-22　超越离合器
1—外圈；2—行星轮；3—滚柱；4—活销；5—弹簧

（1）单推—单推式支承的简易制动装置。

单推—单推式支承的简易制动装置如图 3-23 所示。当主轴 7 作上、下进给运动时，电磁线圈 2 通电并吸引铁芯 1，从而打开摩擦离合器 4，此时电动机 5 通过减速齿轮、滚珠丝杠传动机构 6 带动运动部件（主轴）7 作垂直上下运动。当电动机与断电时，电磁线圈 2 也同时断电，在弹簧 3 的作用下，摩擦离合器 4 压紧制动轮，使滚珠丝杠传动机构不能自由转动，从而防止运动部件因自重而下降。

（2）滚珠丝杠传动机构的密封与润滑。可用防尘密封圈或防护套密封来防止灰尘及杂质进入滚珠丝杠传动机构，使用润滑剂来提高滚珠丝杠传动机构的耐磨性及传动效率，从而维持滚珠丝杠传动机构的传动精度，延长滚珠丝杠传动机构的使用寿命。密封圈有非接触式和接触式两种，将密封圈装在滚珠螺母的两端即可。非接触式密封圈通常用聚氯乙烯等塑料制成，它的内孔螺纹表面与丝杠螺纹之间略有间隙，故它又称迷宫式密封圈。接触式密封圈用具有弹性的耐油橡胶或尼龙等材料制成，因此有接触压力并产生一定的摩擦力矩，但防尘效果好。常用的润滑剂有润滑油和润滑脂两类。润滑脂一般在装配时放进滚珠螺母滚道内起到定期润滑的作用。使用润滑油时应注意经常通过注油孔注油。

防护套可防止尘土及杂质进入滚珠丝杠传动机构从而影响其传动精度。防护套主要有折叠式密封套、伸缩套管和伸缩挡板。制作防护套的材料有耐油塑料、人造革等。图 3-24 为防护套示例。

图 3-23 单推—单推式支承的简易制动装置
1—铁芯；2—电磁线圈；3—弹簧；4—摩擦离合器；5—电动机；
6—滚珠丝杠传动机构；7—主轴

图 3-24 防护套示例
1—螺旋弹簧钢带式伸缩套管；2—波纹管密封套

6. 滚珠丝杠传动机构故障诊断

滚珠丝杠传动机构故障大部分是由运动质量下降、反向间隙过大、机械爬行、润滑不良等原因造成的。表 3-4 所示为滚珠丝杠传动机构常见故障及其诊断方法。

表 3-4 滚珠丝杠传动机构常见故障及其诊断方法

序号	故障现象	故障原因	排除方法
1	加工件粗糙度值高	导轨的润滑油不足够，致使溜板爬行	加润滑油，排除润滑故障
		滚珠丝杠有局部拉毛或研损	更换或修理丝杠
		丝杠轴承损坏，运动不平稳	更换损坏轴承
		伺服电动机未调整好，增益过大	调整伺服电动机控制系统
2	反向误差大，加工精度不稳定	丝杠轴联轴器锥套松动	重新紧固并用百分表反复测试
		丝杠轴滑板配合压板过紧或过松	重新调整或修研压板，0.03 mm 塞尺塞不入为合格
		丝杠轴滑板配合楔铁过紧或过松	重新调整或修研楔铁，使接触率在 70% 以上，0.03 mm 塞尺塞不入为合格
		滚珠丝杠预紧力过紧或过松	调整预紧力，检查轴向窜动值，使其误差不大于 0.015 mm
		滚珠丝杠螺母端面与结合面不垂直，结合过松	修理、调整或加垫处理
		丝杠支座轴承预紧过紧或过松	修理、调整
		滚珠丝杠制造误差大或有轴向窜动	通过控制系统自动补偿消除间隙，用仪器测量并调整丝杠以消除轴向窜动
		润滑油不足或没有	调节至各导轨面均有润滑油
		其他机械干涉	排除干涉部位
3	滚珠丝杠在运转中转矩过大	滑板配合压板过紧或研损	重新调整或修研压板，0.04 mm 塞尺塞不入为合格
		滚珠丝杠螺母反向器损坏，滚珠丝杠卡死或轴端螺母预紧力过大	修复或更换丝杠并精心调整
		丝杠研损	更换丝杠
		伺服电动机与滚珠丝杠的连接不同轴	调整同轴度并紧固连接座
		无润滑油	调整润滑油路
		超程开关失灵造成机械故障	检查故障并排除
		伺服电动机过热报警	检查故障并排除
4	丝杠螺母润滑不良	分油器不分油	检查定量分油器
		油管堵塞	清除污物，使油管畅通

续表 3-4

序号	故障现象	故障原因	排除方法
5	滚珠丝杠传动机构噪声	滚珠丝杠轴承压盖压合不良	调整压盖，使其压紧轴承
		滚珠丝杠润滑不良	检查分油器和油路，使润滑油充足
		滚珠破损	更换滚珠
		伺服电动机与丝杠联轴器松动	拧紧联轴器，锁紧螺钉

三、滚珠花键传动机构

　　滚珠花键传动机构又称滚珠花键副，由花键轴、花键套、循环装置及滚珠等组成，如图 3-25 所示。在花键轴 8 的外圆上，配置有等分的三条凸缘。凸缘的两侧就是花键轴的滚道。同样，花键套上也有相对应的六条滚道。滚珠就位于花键轴和花键套的滚道之间。于是，滚动花键副内就形成了六列负荷滚珠，每三列传递一个方向的力矩。当花键轴 8 与花键套 4 作相对转动或相对直线运动时，滚珠就在滚道和保持架 1 内的通道中循环运动。因此，花键套与花键轴之间既可作灵敏、轻便的相对直线运动，也可以轴带套或以套带轴作回转运动。所以，滚动花键传动机构既是一种传动装置，又是一种新颖的直线运动支承，花键套开有键槽以备连接其他传动件。滚珠花键传动目前广泛地用于镗床、钻床、组合机床等机床的主轴部件，各类测量仪器、自动绘图仪中的精密导向机构，压力机、自动搬运机等机械的导向轴，各类变速装置及刀架的精密分度轴以及各类工业机器人的执行机构等中。

图 3-25　滚珠花键传动机构

1—保持架；2—橡皮密封圈；3—键槽；4—花键套；5—油孔；
6—负荷滚珠列；7—退出滚珠列；8—花键轴

四、齿轮传动机构

　　齿轮传动是机电一体化机械传动系统中应用最广泛的一种机械传动。机电一体化机械传动系统通常用齿轮传动机构传递转矩、转速和位移，使电动机和滚珠丝杠传动机构及工作台之间的转矩、转速和位移得到匹配。所以，齿轮传动机构的设计是伺服机械传动系统设计的一个重要部分，齿轮传动机构在各类型机电一体化机械传动系统中得到广泛使用。

（一）齿轮传动机构的特点

对机电一体化机械传动系统总的要求是精度高、稳定性好、响应快。而齿轮传动机构相当于机电一体化机械传动系统中的一个一阶惯性环节或二阶振荡环节，对上述性能影响很大，因此，在设计精密齿轮传动机构时，应充分考虑到齿轮传动机构的特点。

（1）传动精度高：带传动不能保证准确的传动比，链传动也不能实现恒定的瞬时传动比，但现代常用的渐开线齿轮的传动比在理论上是准确、恒定不变的。

（2）适用范围宽：齿轮传动传递的功率范围极宽，可以从 0.001 W 到 60 000 kW；圆周速度可以很低，也可高达 150 m/s，带传动、链传动均难以比拟。

（3）可以实现平行轴、相交轴、交错轴等空间任意两轴间的传动，这也是带传动、链传动做不到的。

（4）工作可靠，使用寿命长。

（5）传动效率较高，一般为 0.94~0.99。

（6）制造和安装要求较高，因而成本也较高。

（7）对环境条件要求较严，除少数低速、低精度的情况以外，一般需要安置在箱罩中防尘防垢，还需要重视润滑。

（8）不适用于相距较远的两轴间的传动。

（9）减振性和抗冲击性不如带传动等柔性传动好。

（二）齿轮传动间隙的调整方法

齿轮传动机构在机电一体化系统中起传递转矩和转速，并使动力元件与负载之间的转矩和转速得到匹配的作用。通过齿轮传动，可以使动力元件输出轴的高速低转矩转换成负载轴的低速高转矩。例如，在开环控制伺服机械传动系统中，由于步进电动机静转矩较小，常采用一对齿轮降速，达到转矩和转速的匹配。在齿轮传动机构设计中，还要考虑刚度、强度、传动精度、转动惯量和摩擦等因素，以满足机电一体化系统精度高、稳定性好、响应快的要求。因此，伺服机械传动系统中常采用无侧隙齿轮传动，以消除齿轮传动的齿侧间隙造成的传动不稳定和换向死区误差。下面介绍几种消除齿轮传动间隙的常用方法。

1. 圆柱齿轮传动间隙的调整方法

（1）偏心套（轴）调整法。偏心套式间隙消除机构如图 3-26 所示。将相互啮合一对齿轮中的一个齿轮 4 装在电动机输出轴上，并将电动机 2 安装在偏心套 1（或偏心轴）上，通过转动偏心套 1（偏心轴）的转角，就可调节两啮合齿轮的中心距，从而消除圆柱齿轮正、反转时的齿侧间隙。偏心套（轴）调整法的特点是：结构简单，但侧隙不能自动补偿。

（2）轴向垫片调整法。圆柱齿轮轴向垫片间隙消除机构如图3-27所示。齿轮1和2相啮合，其分度圆弧齿厚沿轴线方向略有锥度，这样就可以用轴向垫片3使齿轮2沿轴向移动，从而消除两齿轮的齿侧间隙。装配时，轴向垫片3的厚度应使得齿轮1和2之间既齿侧间隙小，又运转灵活。轴向垫片调整法的特点同偏心套（轴）调整法。

图3-26 偏心套式间隙消除机构
1—偏心套；2—电动机；3—减速箱；4，5—减速齿轮

图3-27 圆柱齿轮轴向垫片间隙消除机构
1，2—齿轮；3—轴向垫片

（3）双片薄齿轮错齿调整法。这种消除齿侧间隙方法的原理是将其中一个齿轮做成宽齿轮，另一个齿轮用两片薄齿轮组成，采取措施使一个薄齿轮的左齿侧和另一个薄齿轮的右齿侧分别紧贴在宽齿轮齿槽的左、右两侧，以消除齿侧间隙，反向时不会出现死区。具体调整措施如下。

①周向弹簧式：如图3-28所示，在两个薄齿轮3和4上各开了几条周向圆弧槽，

并在薄齿轮 3 和 4 的端面上有安装弹簧 2 的短柱 1，在弹簧 2 的作用下使薄齿轮 3 和 4 错位，从而消除齿侧间隙。这种结构形式中的弹簧 2 的拉力必须足以克服驱动转矩才能起作用。该方法由于受到周向圆弧槽及弹簧尺寸的限制，故仅适用于读数装置而不适用于驱动装置。

图 3-28　薄片齿轮周向拉簧错齿调隙机构
1—短杠；2—弹簧；3，4—薄齿轮

　　②可调拉簧式：如图 3-29 所示，在两个薄齿轮 1 和 2 上装有凸耳 3，弹簧 4 的一端钩在凸耳 3 上，另一端钩在螺钉 7 上。弹簧 4 的拉力大小可通过用螺母 5 调节螺钉 7 的伸出长度来调整，调整好后再用螺母 6 锁紧。

图 3-29　可调拉簧式调隙机构
1，2—薄齿轮；3—凸耳；4—弹簧；5，6—螺母；7—螺钉

2. 斜齿轮传动间隙的调整方法

　　消除斜齿轮传动齿轮侧隙的方法与上述错齿调整法基本相同，也是用两个薄齿轮与一个宽齿轮啮合，只是在两个薄片斜齿轮中间隔开了一小段距离，其螺旋线便错开

了。图 3-30 （a）所示是薄片错齿调隙机构，它的特点是：结构比较简单，但调整较费时，且齿侧间隙不能自动补偿。图 3-30 （b）所示是轴向压簧错齿调隙机构，它的齿侧间隙可以自动补偿，但轴向尺寸较大，结构欠紧凑。

(a) 薄片错齿调隙机构 (b) 轴向压簧错齿调隙机构

图 3-30　斜齿轮调隙机构

1, 2—薄片齿轮；3—宽齿轮；4—调整螺母；5—弹簧；6—垫片

3. 锥齿轮传动间隙的调整方法

（1）轴向压簧调整法。锥齿轮轴向压簧调隙机构如图 3-31 所示。在锥齿轮 4 的传动轴 7 上装有压簧 5，压簧 5 的轴向力大小由螺母 6 调节。锥齿轮 4 在压簧 5 的作用下可轴向移动，从而消除了其与啮合的锥齿轮 1 之间的齿侧间隙。

图 3-31　锥齿轮轴向压簧调隙机构

1, 4—锥齿轮；2, 3—键；5—压簧；6—螺母；7—传动轴

（2）周向弹簧调整法。锥齿轮周向弹簧调隙机构如图 3-32 所示。将与锥齿轮 3

啮合的齿轮做成大、小两片（1、2），在大片锥齿轮1上制有三个周向圆弧槽8，小片锥齿轮2的端面制有三个可伸入周向圆弧槽8的凸爪7。弹簧5装在周向圆弧槽8中，一端顶在凸爪7上，另一端顶在镶在周向圆弧槽8中的镶块4上；止动螺钉6装配时用，安装完毕将其卸下，则大、小片锥齿轮1、2在弹簧力的作用下错齿，从而达到消除齿侧间隙的目的。

图3-32 锥齿轮周向弹簧调隙机构

1—大片锥齿轮；2—小片锥齿轮；3—锥齿轮；4—镶块；5—弹簧；
6—止动螺钉；7—凸爪；8—周向圆弧槽

4. 齿轮齿条传动间隙的调整方法

在机电一体化产品中，大行程传动机构往往采用齿轮齿条传动方式，因为齿轮齿条传动的刚度、精度和工作性能不会因行程增大而明显降低，但它与其他齿轮传动一样也存在齿侧间隙，应采取消隙措施。当传动负载小时，可采用双片薄齿轮错齿调整法，使两个薄齿轮的齿侧分别紧贴齿条的齿槽两相应侧面，以消除齿侧间隙。当传动负载大时，可采用双齿轮调整法。如图3-33所示，小齿轮1、6分别与齿条7啮合，与小齿轮1、6分别同轴的大齿轮2、5分别与齿轮3啮合，通过预载装置4向齿轮3预加负载，使大齿轮2、5同时向两个相反方向转动，从而带动小齿轮1、6转动，小齿轮1、6的齿面便分别紧贴在齿条7齿槽的左、右侧，消除了齿侧间隙。

图 3-33　齿轮齿条的双齿轮调隙机构

1, 6—小齿轮；2, 5—大齿轮；3—齿轮；4—预载装置；7—齿条

五、谐波齿轮传动机构

谐波齿轮传动是依靠柔性齿轮所产生的可控制弹性变形波，引起齿间的相对位移来传递动力和运动的。谐波齿轮传动具有结构简单、传动比大（几十到几百）、传动精度高、回程误差小、噪声低、传动平稳、承载能力强、效率高等优点，在工业机器人、航空器、火箭等机电一体化系统中日益得到广泛的应用。

（一）谐波齿轮传动机构的组成

谐波减速器主要由以下三个基本构件组成。

（1）带有内齿圈的刚性齿轮（刚轮）。它相当于行星系中的中心轮。

（2）带有外齿圈的柔性齿轮（柔轮）。它相当于行星齿轮。

（3）波发生器。它相当于行星架。

图 3-34 所示为谐波齿轮传动示意图。柔轮具有外齿，刚轮具有内齿，它们的齿形为三角形或渐开线形，齿距相等，但齿数不同，刚轮的齿数 $z_g xg$ 比柔轮齿数 z_r 多。柔轮的轮缘极薄，刚度很小，在未装配前，柔轮是圆形的。由于波形发生器的直径比柔轮内圆的直径略大，所以波形发生器装入柔轮的内圆时，就迫使柔轮变形（呈椭圆形）。在椭圆长轴的两端（图中 A 点、B 点），刚轮与柔轮轮齿完全啮合；在椭圆短轴两端（图中 C 点、D 点），两轮轮齿完全分离；在长、短轴之间齿处于半啮合状态，即一部分正在啮入，一部分正在脱出。

（二）谐波齿轮传动的工作原理

波加速器传动原理在于柔性齿轮与刚性齿轮具有齿数差。波发生器连续转动时，迫使柔轮不断产生变形，使两轮轮齿在进行啮入、啮合、啮出、脱开、再啮入，周而复始的过程中不断改变各自的工作状态，从而实现柔轮相对刚轮沿波发生器 H 相反方向的缓慢旋转，产生了所谓的错齿运动，从而实现了波发生器与柔轮的运动传递。工

图3-34 谐波齿轮传动示意图
1—刚轮；2—柔轮；3—波发生器

作时，固定刚轮，由电动机带动波发生器转动，柔轮作为从动轮，输出转动，带动负载运动。在传动过程中，波发生器转一周，柔轮上某点变形的循环次数称为波数，以 n 表示。常用的波发生器有双波发生器和三波发生器两种。

因为齿数不一样，所以当啮合点从0°（此处是内齿与外齿几个齿啮合在一起）转动一些角度的时候，内齿和外齿不可能完全啮合。假设内齿和外齿的齿数完全一样，波发生器转动90°使得90°位置的齿啮合时，原来在0°啮合的齿（内外）位置是不变的，然而两个齿轮齿数不一样，所以0°的内齿会随着波发生器的转动向反方向转动。

（三）谐波齿轮传动的特点

1. 谐波齿轮传动的优点

与一般齿轮传动相比，谐波齿轮传动具有以下优点。

（1）传动比大：单级谐波齿轮传动的传动比为70~500，多级和复式谐波齿轮传动的传动比更大，可在30 000以上，谐波齿轮传动不仅可用于减速，还可用于增速。

（2）承载能力大：谐波齿轮传动同时啮合的齿数多（可为柔轮或刚轮齿数的30%~40%），因此能承受大的载荷。

（3）传动精度高：谐波齿轮传动由于啮合齿数较多，因而误差得到均化；同时，通过调整，齿侧间隙较小，回差较小，因而谐波齿轮传动的传动精度高。

（4）可以向密封空间传递运动或动力：当柔轮被固定后，谐波齿轮传动机构既可以作为密封传动装置的壳体，又可以产生弹性变形，即完成错齿运动，从而达到传递运动或动力的目的。因此，它可以用来驱动在高真空、有原子辐射或其他有害介质的空间工作的传动机构。这一特点是现有其他传动机构所无法比拟的。

（5）传动平稳：谐波齿轮传动基本上无冲击振动。这是因为齿的啮入与啮出按正弦规律变化，无突变载荷和冲击，磨损小，无噪声。

（6）传动效率较高：单级谐波齿轮传动的效率一般在69%～96%范围内，谐波齿轮传动机构寿命长。

（7）谐波齿轮传动机构结构简单，体积小，质量小。

2. 谐波齿轮传动的缺点

谐波齿轮传动的缺点如下。

（1）柔轮承受较大交变载荷，对柔轮材料抗疲劳强度、加工和热处理要求较高，工艺复杂。

（2）传动比下限值较高。

（3）不能做成交叉轴和相交轴的结构。

目前已有不少厂家专门生产谐波齿轮传动机构，并形成了系列化。谐波齿轮传动机构常用于机器人、无线电天线伸缩器、手摇式谐波传动增速发电机、雷达、射电望远镜、卫星通信地面站天线的方位和俯仰传动机构、电子仪器、仪表、精密分度机构、小侧隙和零侧隙传动机构等中。

（四）谐波齿轮传动的传动比计算

谐波齿轮传动传动比的计算与行星齿轮轮系传动比的计算相似，由于

$$i_{rg}^H = \frac{\omega_r - \omega_H}{\omega_g - \omega_H} = \frac{z_g}{z_r} \tag{3-24}$$

式中　ω_g、ω_r、ω_H——刚轮、柔轮和波形发生器的角速度；

z_g、z_r——刚轮和柔轮的齿数。

（1）当柔轮固定时，$\omega_r = 0$，则

$$i_{rg}^H = \frac{0 - \omega_H}{\omega_g - \omega_H} = \frac{z_g}{z_r}, \quad \frac{\omega_g}{\omega_H} = 1 - \frac{z_r}{z_g} = \frac{z_g - z_r}{z_g}, \quad i_{Hg} = \frac{\omega_H}{\omega_g} = \frac{z_g}{z_g - z_r}$$

当$z_r = 200$、$z_g = 202$时，$i_{Hg} = 101$，结果为正值，说明刚轮与波形发生器转向相同。

（2）当刚轮固定时，$\omega_g = 0$，则

$$i_{rg}^H = \frac{\omega_r - \omega_H}{0 - \omega_H} = \frac{z_g}{z_r}, \quad \frac{\omega_r}{\omega_H} = 1 - \frac{z_g}{z_r} = \frac{z_r - z_g}{z_r}, \quad i_{Hr} = \frac{\omega_H}{\omega_r} = \frac{z_r}{z_r - z_g}$$

当$z_r = 200$、$z_g = 202$时，$i_{Hr} = -100$，结果为负值，说明柔轮与波形发生器转向相反。单级谐波齿轮传动的传动比可按表3-5计算。

表3-5　单级谐波齿轮传动的传动比

三个基本构件			传动比计算	功能	输入与输出运动的方向关系
固定	输入	输出			
刚轮2	波发生器H	柔轮1	$i_{H1}^2 = -z_r / (z_g - z_r)$	减速	异向
刚轮2	柔轮1	波发生器H	$i_{1H}^2 = -(z_g - z_r) / z_r$	增速	异向

续表 3-5

三个基本构件			传动比计算	功能	输入与输出运动的方向关系
固定	输入	输出			
柔轮 1	波发生器 H	刚轮 2	$i_{H2}^{1}=z_g/(z_g-z_r)$	减速	同向
柔轮 1	刚轮 2	波发生器 H	$i_{2H}^{1}=(z_g-z_r)/z_g$	增速	同向

图 3-35（a）所示为波发生器输入、刚轮固定、柔轮输出工作图，图 3-35（b）所示为波发生器输入、柔轮固定、刚轮输出工作图。

(a) 波发生器输入、刚轮固定、柔轮输出 (b) 波发生器输入、柔轮固定、刚轮输出

图 3-35 谐波齿轮传动的传动比计算图

六、挠性传动机构

挠性传动机构是一种常见的机械传动机构，通常由两个或多个传动轮和挠性件组成，通过挠性件在传动轮之间传递运动和动力。根据挠性件的类型，挠性传动主要有同步齿形带传动、链传动和绳传动等，它们的传动轮分别为带轮、链轮和绳轮，挠性件分别为传递带、传递链和传动绳。按工作原理来分，挠性传动又分为摩擦型传动和啮合型传动。对于摩擦型传动，工作前挠性件以一定的张紧力张紧在传动轮上，工作时靠挠性件与传动轮接触的摩擦力传递运动和动力。啮合型传动靠特殊形状的挠性件与传动轮轮齿相互啮合传动。在带传动、链传动和绳传动中，带传动有摩擦型带传动和啮合型带传动，链传动属于啮合型传动，绳传动一般为摩擦型传动。

七、软轴传动机构

软轴传动机构通常由钢丝软轴、软管、软轴接头和软管接头等几个部分组成。按照用途不同，软轴传动机构又分功率型（G 型）和控制型（K 型）两种。钢丝软轴是由几层紧密缠在一起的弹簧钢丝层构成的，相邻层的缠绕方向相反，工作时相邻两层

钢丝中的一层趋于拧紧，另一层趋于放松，以使各层钢丝间趋于压紧，传递转矩。钢丝软轴主要用于两个传动零件的轴线不在同一直线上，或工作时彼此要求有相对运动的空间传动，也适用于受连续振动的场合，用以缓和冲击。软轴传动适用于可移式机械化工具、主轴可调位的机床、混凝土振动器、砂轮机、医疗器械，以及里程表遥控仪等中。

软轴传动机构安装简便、结构紧凑、工作适应性较强，适用于高转速、小转矩场合。当转速低、转矩大时，软轴传动机构从动轴的转速往往不均匀，且扭转刚度也不易保证。

八、联轴器传动机构

联轴器传动机构是用来连接进给机构的两根轴使之一起回转，以传递扭矩和运动的一种装置。机器运转时，被连接的两轴不能分离，只有停车后，将联轴器拆开，两轴才能脱开。

目前联轴器的类型繁多，有液压式、电磁式和机械式。其中，机械式联轴器是应用最广泛的一种。它借助机械构件相互间的机械作用力来传递扭矩，大致可做如下划分：刚性联轴器和弹性联轴器。刚性联轴器包括固定式联轴器（套筒联轴器、凸缘联轴器和夹壳联轴器等）和可移式联轴器（齿轮联轴器、十字滑块联轴器和万向联轴器等）。弹性联轴器包括金属弹性联轴器（簧片联轴器、膜片联轴器和波形管联轴器等）和非金属弹性联轴器（轮胎式联轴器、整圈橡胶联轴器和橡胶块联轴器）。

九、间歇传动机构

在各类机械中，常需要某些构件实现周期性的运动和停歇。能够将主动件的连续运动转换成从动件有规律的运动和停歇的机构称为间歇传动机构。

实现间歇运动的四种常用机构分别为棘轮机构、槽轮机构、凸轮式间歇运动机构和不完全齿轮机构。

第四节　执行系统设计

执行系统是直接用来完成各种工艺动作或生产过程的系统。执行系统要根据控制指令，用动力系统提供的能量和动力，通过传动系统的传动，直接完成系统预定的工作任务。执行系统的方案设计是机电一体化系统总体方案设计中极其重要又极富创造性的环节，直接影响机电一体化系统的性能、结构、尺寸、质量及使用效果等。

一、执行系统的功能及对执行系统的要求

（一）执行系统的功能

执行系统的任务就是实现机电一体化系统（或产品）的目的。对于机电一体化产品，执行系统的功能主要体现在以下方面。

（1）作用于外界，完成预定的操作过程，如机器人的手部完成工件夹放、操持焊枪进行焊接、车床的主轴和刀架完成切削加工、缝纫机的机头穿针引线、打印机的打印机构完成打印操作等。

（2）作用于机器内部，完成某种控制动作，如照相机的自动对焦机构、自动机中的离合器移动机构、自动秤的秤锤移动机构等。

（二）对执行系统的要求

一般来说，工作机的执行系统要对外界做功，因此，必须实现一定的运动和传递必要的动力；信息机的执行系统所传递的动力虽小，但对所实现运动的要求很高。执行系统设计的优劣直接影响机电一体化产品的功能和性能。执行系统必须满足以下要求。

1. 实现预期精度的运动

为了使执行系统完成工作任务，执行构件必须实现预期的运动。这不仅要满足运动或动作形式的要求，而且要保证一定的精度。但盲目地提高精度，无疑会导致成本提高，增加制造和安装调试的难度。因此，设计执行机构时，应根据实际需要来定出适当的精度。

2. 有足够的强度与刚度

动力型执行系统中的每一个零部件都应有足够的强度和刚度。强度不足会导致零部件的损坏，使执行系统工作中断。刚度不足会产生过大的弹性变形，也会使执行系统不能正常工作。但强度和刚度的计算并非对任何执行系统都是必需的，对受力较小、主要是实现动作的执行系统，零部件的尺寸通常根据工作和结构的需要确定。

3. 各执行机构间的运动要协调

在设计相互联系型执行系统时，要保证各执行机构间运动的协调与配合，以防止因动作不协调而造成执行机构的相互碰撞、干涉或工序倒置等事故。因此，在设计相互联系型执行系统时，需要绘制工作循环图来表明各个执行机构中执行构件运动的先后次序、起止时间和工作范围等，以保证各执行机构间运动的协调与配合。

4. 结构合理、造型美观、制造与安装方便

在满足零部件强度、刚度及精度要求的同时，设计中也应充分考虑它们的结构工艺性，使其便于制造和安装。要从材料选择、确定制造过程和方法着手，以期用最少的成本制造出合格的、造型美观的产品。

5. 工作安全可靠、使用寿命长

工作安全可靠、使用寿命长，即在一定的使用期限内和预定环境下，能正常工作，不出故障，使用安全，便于维护和管理。执行系统的使用寿命与组成执行系统的零部件的寿命有关。一般以最主要、最关键零部件的使用寿命来确定执行系统的寿命。

除上述要求外，根据执行系统的工作环境不同，对执行机构还可能有防锈、防腐

和耐高温等要求。由于执行机构通常都是外露的，且往往处于机电一体化系统的工作危险区，因此还需对执行机构设置必要的安全防护装置。

二、执行系统的分类及特点

执行系统可按对运动和动力的要求不同分为动作型、动力型及动作-动力型，按执行系统中执行机构数及其相互间的联系情况分为单一型、相互独立型与相互联系型。表3-6给出了执行系统的分类、特点和应用实例。

表3-6　执行系统的分类、特点和应用实例

类别		特点	应用实例
按执行系统对运动和动力的要求	动作型	要求执行系统实现预期精度的动作（位移、速度、加速度等），而对执行系统中各构件的强度、刚度无特殊要求	缝纫机、包糖机、印刷机等
	动力型	要求执行系统能克服较大的生产阻力，做一定的功，故对执行系统中的各构件的强度、刚度有严格要求，但对运动精度无特殊要求	曲柄压力机、冲床、推土机、挖掘机、碎石机等
	动作-动力型	要求执行系统既能实现预期精度的动作，又能克服较大的生产阻力，做一定的功	滚齿机、插齿机等
按系统执行机构数及其相互间的联系情况	单一型	执行系统中只有一个执行机构工作	搅拌机、碎石机、皮带输送机等
	相互独立型	执行系统中有多个执行机构在工作，但它们之间相互独立，没有运动的联系和制约	外圆磨床的磨削进给与砂轮转动，起重机的起吊和行走动作等
	相互联系型	执行系统中有多个执行机构在工作，而且它们有运动的联系和制约	印刷机、包装机、缝纫机、纺织机等

三、执行系统设计步骤及方法

执行系统设计的过程和内容如图3-36所示。

通常执行系统设计要经过以下主要步骤。

（一）功能原理设计

根据执行系统预期实现的功能，考虑选择何种工作原理来实现这一功能要求，构思出所有可能的功能原理，加以分析比较，并根据使用要求或者工艺要求，从中选择

(a) 结构示意图（b）图形符号

图 3-36　执行系统设计的过程和内容

出既能很好地满足功能要求，工艺动作又简单的工作原理。例如，在设计洗衣机时，按揉搓原理设计，要设计模仿人手的机械手，难度大；按刷擦原理设计，难把衣物各处都刷洗到；按捶打原理设计，易损伤衣物。目前设计出的滚筒洗衣机既满足功能要求，工艺动作又简单。这种洗衣机最大的优点是：对衣物的磨损率低，而且不缠绕衣物、洗净度高，还可以加热消毒、省水等。因此，滚筒洗衣机迅速占领了市场。

（二）运动规律设计

运动规律设计包含两个方面的内容：工艺动作分解和运动方案选择。工艺动作分解是运动规律设计的基础。工艺动作分解的方法不同，得到的运动规律和运动方案也不同。同一个工艺动作可以分解成各种简单运动，它们在很大程度上决定了执行系统的特点、性能和复杂程度。在进行运动规律设计时，应综合考虑各方面的因素，根据实际情况对各种运动方案加以认真分析和比较，从中选出最佳运动方案。

（三）执行机构形式设计

执行机构的作用是传递和变换运动，而实现某种运动变换可选择的执行机构并不是唯一的，需要进行分析、比较，合理选择。设计时，一方面，要根据执行构件的运动或动作、受力大小、速度快慢等条件，并结合执行机构的工作特点进行综合分析，在满足运动要求的前提下，尽可能地缩短运动链，使执行机构和零部件数减少，从而提高机械效率，降低成本。另一方面，应优先选用结构简单、工作可靠、便于制造和效率高的执行机构。

执行机构选型时，要利用发散思维方法，将前人创造发明的各种执行机构按照运动特性或动作功能进行分类，然后根据设计对象中执行构件所需要的运动特性或动作功能进行搜索、选择、比较和评价，选出合适的执行机构形式。表 3-7 所示是常见运动特性及其对应的执行机构。

表 3-7　常见运动特性及其对应的执行机构

运动特性		执行机构
连续转动	定传动比匀速	平行四杆机构、双万向联轴器机构、轮系、谐波齿轮传动机构、摩擦传动机构、挠性传动机构等
	变传动比匀速	轴向滑移圆柱齿轮机构、混合轮系变速机构、摩擦传动机构，行星无级变速机构、挠性无级变速机构等
	非匀速	双曲柄机构、转动导杆机构、单万向联轴器机构、非圆齿轮机构、某些组合机构等
往复运动	往复移动	曲柄滑块机构、移动导杆机构、正弦机构、移动从动件凸轮机构、齿轮齿条传动机构、楔块机构、螺旋机构、气动机构、液压机构等
	往复摆动	曲柄摇杆机构、双摇杆机构、摆动导杆机构、空间连杆机构、摆动从动件凸轮机构、某些组合机构等
间歇运动	间歇转动	棘轮机构、槽轮机构、不完全齿轮机构、凸轮式间歇运动机构、某些组合机构等
	间歇摆动	特殊形式的连杆机构、摆动从动件凸轮机构、齿轮-连杆组合机构、利用连杆曲线圆弧段或直线段组成的多杆机构等
	间歇移动	棘齿条机构、摩擦传动机构、从动件作间歇往复运动的凸轮机构、反凸轮机构、气动机构、液压机构、移动杆有间歇的斜面机构等
预定轨迹	直线轨迹	连杆近似直线机构、八杆精确直线机构、某些组合机构等
	曲线轨迹	利用连杆曲线实现预定轨迹的多杆机构、凸轮-连杆组合机构、行星轮系与连杆组合机构等
特殊运动要求	换向	双向式棘轮机构、定轴轮系（三星轮换向机构）等
	超越	齿式棘轮机构、摩擦式棘轮机构等
	过载保护	带传动机构、摩擦传动机构等
	……	……

（四）执行构件设计

在机电一体化系统中，执行构件直接与工作对象接触，由于工作对象各不相同，执行构件的形状与结构多种多样。

1. 模仿人和其他生物的肢体或器官

这是最原始也是最巧妙的方法，如机器人的手部、腕部、臂部及其关节模仿人的肢体。某些机器人的脚模仿蜘蛛、螃蟹等多脚动物的脚等。

2. 根据工作对象的外形特征和物理化学特征确定执行构件的形状和结构

大多数执行构件均是如此。例如，机床的主轴与刀架、汽车的车轮等，与人和其他生物的肢体或器官毫无相似之处。

（五）绘制工作循环图

在设计多个需要协同工作的执行机构时，要绘制工作循环图以表达和校核各执行构件间的协调与配合。首先要搞清楚各执行构件在完成工作时的作用和动作过程，运动或动作的先后顺序、起止时间及运动或动作范围，有必要时还要给出它们的位移、速度和加速度，再根据上述的运动数据绘制工作循环图。

（六）运动分析及强度、刚度计算

有关内容在"机械原理"机械设计""材料力学"等课程中都已详细地讨论过。这里要强调的是：在设计中，执行机构和执行构件还应满足耐磨损和振动稳定性等方面的要求，而且在高温下工作时，还应考虑材料热力学性能的影响。

四、运动循环图的绘制方法

在根据功能要求选定了执行机构的形式和驱动方式后，还必须使所设计的执行机构以一定的次序协调动作，以便统一于整个机电一体化系统，完成预定的生产过程或满足产品的功能要求。

机电一体化系统中，各执行机构的运动往往是周期性的，经过一定的时间间隔后，执行机构的位移、速度等运动参数周期重复，即完成一个个运动循环。在每一个循环内可分为工作行程、空行程和停歇阶段，所需时间的总和称为执行机构的运动循环周期。

为了使执行机构能按功能要求以一定的次序运动，大多数执行机构常常采用微机或机械的方式集中或分散控制。因此，有必要在分析功能要求的基础上制定运动循环图。由运动循环图可以看出所设计机电一体化系统的各执行机构以怎样的次序对产品进行加工。正确的运动循环图设计可以保证生产设备具有较高的生产率和较低的能耗。

运动循环图通常可以用三种形式表示，即直线式、圆周式和直角坐标式。表3-8所示为三种形式运动循环图的绘制方法及其特点。

表3-8 三种形式运动循环图的绘制方法及其特点

形式	绘制方法	特点
直线式	将在一个运动循环中执行系统各执行构件各行程区段的起止时间和先后顺序按比例绘制在直线坐标轴上	绘制方法简单，能清楚表示一个运动循环中各执行构件运动的顺序和时间关系；直观性差，不能显示各执行构件的运动规律

续表 3-8

形式	绘制方法	特点
圆周式	以极坐标系原点为圆心作若干同心圆，每个圆环代表一个执行构件，由各相应圆环引径向直线表示各执行构件不同运动状态的起始和终止位置	能比较直观地看出各执行机构主动件在主轴或分配轴上的相位；当执行机构多时，同心圆太多，不直观，无法显示各执行构件的运动规律
直角坐标式	用横坐标表示执行系统主轴或分配轴转角，用纵坐标表示各执行构件的角位移或线位移，各区段之间用直线相连	不仅能清楚地表示各执行构件动作的先后顺序，而且能表示各执行构件在各区段的运动状态

（一）单个执行机构的运动循环图

为了设计执行系统的运动循环图，首先应绘制执行机构的运动循环图，而执行机构的运动循环图主要根据功能要求进行设计。

执行机构的运动循环周期一般由三个部分组成。图 3-37 所示为一步进式送料机构，它的运动循环周期 T_p 为

$$T_p = T_k + T_d + T_o \qquad (3-25)$$

式中　T_k——执行机构工作（前进）行程的时间（s）；

　　　T_d——执行机构空回（后退）行程的时间（s）；

　　　T_o——执行机构停留的时间（s）。

图 3-37　步进式送料机构
1—连杆机构；2—步进梁；3—工件

步进式送料机构的三种运动循环图如图 3-38 所示。其中，图 3-38（a）所示为该执行机构停留（T_o）、前进（T_k）、后退（T_d）三个阶段的直线式运动循环图，从图中可以看出这些运动状态在整个运动循环内的相互关系及时间。图 3-38（b）所示为该执行机构的圆周式运动循环图，它将运动循环各运动区段的时间及顺序按比例绘制在圆形坐标上，这对具有多个回转执行机构的执行系统设计尤其合适，因为 360°圆形坐标正好与轴的一整转一致。图 3-38（c）所示为该执行机构的直角坐标式运动循环图，这种运动循环图表示法不仅表示了各运动区段的时间及次序，还表示了该运动机构的运动状态。例如，平行于横坐标的水平线区段表示该执行机构处于不动的停顿

状态；上升区段表示该执行机构前进，前进的快慢取决于该段曲线的斜率；而下降区段表示该执行机构后退。各段曲线究竟符合何种规律，需要视工作要求、运动学或动力学特性等多方面因素确定。

(a) 直线式运动循环图 (b) 圆周式运动循环图 (c) 直角坐标式运动循环图

图 3-38　步进式送料机构的三种运动循环图

（二）执行系统的运动循环图（多个执行机构的运动循环图）

执行系统的运动循环图是将各执行机构的运动循环图按同一时间（或转角）的刻度，绘在一起的总图，并且它以某一主要执行机构的工作起点为基准，表示出各执行机构相对于该主要执行机构的运动循环的先后次序。它也可以用相应的执行机构的运动循环图的三种形式来表示。

图 3-39 所示是一个由凸轮控制的销钉切制机执行机构的运动简图和运动循环图。它的工作过程如下。

(a) 运动简图

(b) 运动循环图

图 3-39　由凸轮控制的销钉切制机执行机构的运动简图和运动循环图

1—摆动从动杆盘形凸轮；2，3—移动从动杆盘形凸轮；4—车外圆刀；
5—倒角刀；6—挡块；7—割刀；8—坯料；9—销钉；10—夹头；11—分配轴

坯料 8 由送料机构送入，坯料 8 的长度由受凸轮 2 控制的挡块 6 来确定，凸轮 2 还控制割刀 7 将加工好的销钉切割下来，坯料 8 的夹紧与放松由凸轮 1 控制，凸轮 3 带动刀架完成车外圆和倒角。该执行机构以分配轴 11 为定标构件，它转一周为一个工作循环，凸轮 1、2 和 3 在分配轴转一周过程中的工作循环如下。

1. 凸轮 1 的工作循环

从动杆升程（夹头 10 夹紧坯料 8）—停留（坯料待加工）—回程（松料）—停留等待（送料）。

2. 凸轮 2 的工作循环

从动杆升程（割刀 7 割下已加工好的销钉）—回程 I（退回割刀）—停留（挡块 6 挡料）——回程 II（退回挡块）—停留（等待车外圆和倒角）。

3. 凸轮 3 的工作循环

从动杆升程（车外圆和倒角）—回程（退回车外圆刀 4 和倒角刀 5）—停留（等待割刀割下销钉及后一个坯料送进）。

按上述的工艺过程和各控制凸轮的运动循环，可以画出运动循环图。图 3-39（b）给出了矩形运动循环图（实质上是直线式表示）。水平方向表示凸轮轴的旋转角，纵向分为三部分，分别表示凸轮机构 1、2 和 3 的工作循环过程。每一个凸轮机构所控制的动作及对应的凸轮旋转角，均清楚地表明在运动循环图中。

五、运动循环图的设计与计算

（一）执行机构运动循环图的设计步骤

图 3-40 所示为一打印记（或压痕）机执行机构。打印头 1 在操作系统的控制下，完成对产品 2 的打印。下面就以该执行机构为例来说明运动循环图的设计与计算步骤。

图 3-40　打印记机执行机构

（1）确定打印头运动循环。若给定打印记机的生产纲领为 4 500 件/班，则理论生产率 Q_T 为

$$Q_T = \frac{4\ 500}{8 \times 60} \text{件} / \min = 9.4 \text{件} / \min$$

可取 $Q_T = 10$ 件/min。打印记机执行机构的工作循环时间 T_P 为

$$T_P = 0.1 \min = 6 \text{ s}$$

（2）确定运动循环组成区段。根据打印记的工艺功能要求，打印头的运动循环由下列四段组成：T_K——打印头向下接近产品；T_s——打印头打印记时的停留；T_d——打印头的向上返回；T_o——打印头在初始位置上的停留。因此，有

$$T_P = T_K + T_d + T_o + T_s \qquad (3 - 26)$$

（3）确定运动循环内各区段时间及分配轴转角。根据工艺要求，打印头应在产品上停留的时间 T_s 为

$$T_s = 2 \text{ s}$$

相应的 T_K 和 T_d 可根据该执行机构可能的运动规律初步确定为 $T_K = 2$ s，$T_d = 1$ s，于是得 $T_o = 1$ s。

（4）绘制该执行机构运动循环图，根据以上计算结果绘成直角坐标式运动循环图，如图 3-41 所示。

图 3-41　打印记机执行机构的运动循环图
1—打印头；2—产品

（二）执行系统运动循环图的设计与计算

合理地设计执行系统的运动循环图是提高执行系统理论生产率的一个重要途径。在确定执行系统的工艺原理及执行机构的运动循环后，应着手设计执行系统的运动循环图。

执行系统运动循环图设计的主要任务就是建立各执行机构运动循环之间的正确关系，也就是各执行机构运动的同步化或协调化，从而最大限度地缩短工作循环时间。因此，执行系统运动循环图实质上就是各执行机构的同步图。

在执行系统中，各执行机构运动的同步化有以下两种不同情况。

（1）运动循环的时间同步化：执行机构之间的运动只具有时间上的顺序关系，而无空间上的干涉关系。

（2）运动循环的空间同步化：执行机构之间的运动既具有时间上的顺序关系，又

具有空间上的干涉关系。

1. 执行机构运动循环的时间同步化设计

将图 3-37 所示步进式送料机构和图 3-40 所示打印记机执行机构组合，就得到了一个完整的打印记机，如图 3-42 所示，它是一个由两执行机构组成的执行系统。该执行系统完整的工艺过程为：推进机构 1 首先把产品 3 送至被打印记的位置，然后打印头向下动作，完成打印记操作；在打印头 2 退回原位时，推进机构 1 再推送下一个产品向前，把已打好印记的产品顶走，打印头再下落。如此反复循环，完成自动打印记的功能。执行机构 1 和 2 对产品 3 顺序作用，它们的运动只有时间上的顺序关系，空间轨迹不可能发生干涉。

图 3-42　打印记机的工作原理图
1—推进机构；2—打印头；3—产品印记的产品

假设执行机构 1 和 2 的运动规律已按工艺要求基本确定，它们的运动循环如图 3-43（a）、图 3-43（b）所示。这两个执行机构的工作循环时间分别为 T 和 T，并假设 $T\mu = T2$。

按照简单的办法来安排，这两个执行机构的运动顺序是：执行机构 1 的运动完成之后，执行机构 2 才能开始运动，而在执行机构 2 的运动完成之后，执行机构 1 才能开始下一次运动。这时工件打印记机的循环图将如图 3-43（c）所示。打印记机总的工作循环为最长的工作循环，即

$$T_{pmax} = T_{P1} + T_{P2} \qquad (3-27)$$

（a） （e）

图 3-43　打印记机运动循环图的时间同步化

显然，这种循环是不合理的。实际上，两个执行机构在空间轨迹上没有干涉现象，可以同时进行。根据打印要求，只要执行机构 1 把产品推到打印记位置时，执行机构 2 就可以在这一瞬时与产品接触实现打印。因此，两执行机构运动循环在时间上的联系点由运动循环图上的 A_1 与 A_2 两点决定，即执行机构 1 与执行机构 2 同时达到加工位置处，是它们在运动时间联系上的极限情况。这时具有图 3-43（d）所示的运动循环图，打印记机工作循环时间 T_{pmin} 具有最小值。图中的 ΔT（$=T_{k2}-T_{k1}$）是一段额外的停歇时间。这一停歇时间可以从 T_{p1} 中取得，并可使工作循环时间与两个执行机构的循环时间相等，即

$$T_{pmin} = T_{p1} = T_{p2} \qquad (3-28)$$

但是，许多实际因素，如执行机构运动规律的误差、执行机构运动副的间隙、执行机构构件的变形、执行机构的调整安装误差等，使得按 A_1 和 A_2 重合的极限情况设计的运动循环图是不可靠的。因此，必须使执行机构 1 的 A_1 点在时间上超前于执行机构 2 的 A_2 点，避免发生由于上述误差因素造成执行机构 1 没有达到 A_1 点，执行机构 2 已达到 A_2 点的干涉现象，因而得到具有运动超前量 Δt 的循环图，如图 3-43（e）所示。Δt 的大小应根据实际可能的误差因素综合地加以确定。对于这个实例，$\Delta t = \Delta T$，但也可以不相等。对于 $\Delta t \square \Delta T$ 的情况，工作循环时间 $T_p = T_{pmin}$；反之，有 $T_p > T_{pmin}$。

总之，对于具有时间上顺序关系的执行机构，根据各执行机构的运动循环图，就可以进行运动循环图的同步化设计，使执行系统的总工作循环时间尽可能缩短，以便提高生产率。

2. 执行机构运动循环的空间同步化设计

图 3-44 所示的是对产品进行加工操作的具有两执行机构（1 和 2）的执行系统。该执行系统的两执行机构之间的运动循环出现空间干涉的情况。执行机构 1 和 2 在对产品 3 进行顺序作用时，它们的作用头 H 和 K 的运动轨迹将在 M 点发生干涉。因此，当对两个执行机构的运动循环进行同步化设计时，必须首先确定出两个执行机构可能发生干涉的位置 M 的坐标。

干涉点无法通过图 3-45（a）所示的两个执行机构的运动循环图来确定，必须绘制图 3-45（b）所示的执行机构位移曲线。只有根据工艺原理图和执行机构的位移图

图 3-44　具有空间干涉的执行机构

1，2—执行机构；3—产品

才能确定干涉点 M 的位置。

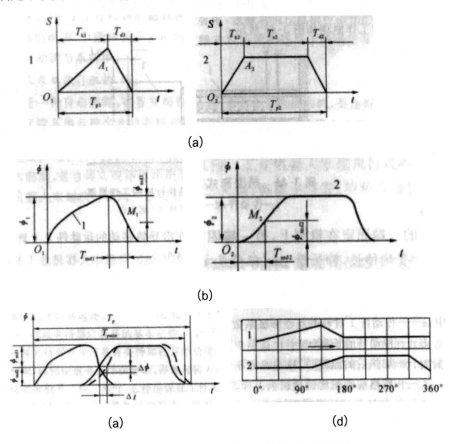

图 3-45　执行机构运动循环的空间同步化设计

由图 3-44 可知，干涉点 M 相当于执行机构 1 从加工位置返回 φ_{md1} 角时和执行机构 2 从初始位置前进 φ_{md2} 角时两执行机构所处的位置。于是在执行机构位移曲线图 3-45（b）上，从 O_1 点和 O_2 点算起，分别求得相应的 φ_{md1} 和 φ_{md2} 的两个点 M_1 和 M_2。若令位移曲线上的 M_1 与 M_2 相重合，则得到图 3-45（c）所示的图形，这相当于两执行机构的运动在 M 点发生干涉的极限情况，从而得到两执行机构经过空间同步化后的

最小工作循环 T_{pmin}。同样，考虑到执行机构运动的错移量 $\Delta\varphi$，使执行机构 2 的位移曲线向右移到虚线所示位置，相当于右移的时间为 Δt，合理的工作循环为

$$T_p = T_{pmin} + \Delta t \qquad\qquad (3-29)$$

按执行机构位移图各区段位置数据，可得到经空间同步化的工作循环图，如图 3-45（d）所示。

总之，只有通过对执行机构的运动循环或位移曲线进行分析研究，并对运动循环进行时间和空间的同步化后，才能得到所设计设备或产品的运动循环图。所设计设备或产品的运动循环图既可用分析法求得，也可用作图法求得。通常，作图法比较直观和简单，特别是当执行机构较多时，作图法更为直观、方便，因而采用较多。

第五节　导向与支承系统设计

一、导轨副的功能及要求

导轨主要用来支承和引导运动部件沿一定的轨道运动。导轨副包括运动导轨和支承导轨两个部分，运动的一方叫作运动导轨，不动的一方叫作支承导轨。运动导轨相对于支承导轨运动，通常作直线运动和回转运动。各种机械运行时，由导轨副保证执行构件的正确运动轨迹，并影响执行构件的运动特性。支承导轨用以支承和约束运动，使运动部件按功能要求作正确运动。因此，导轨副设计时要考虑以下几个方面的要求。

（一）导向精度

导向精度主要是指运动导轨沿支承导轨运动的直线度或圆度。影响它的因素有导轨的几何精度、接触精度、结构形式、刚度、热变形、装配质量，以及液体动压和静压导轨的油膜厚度、油膜刚度等。

（二）耐磨性

耐磨性表征导轨在长期使用过程中能否保持一定的导向精度。由于导轨在工作过程中难免有所磨损，所以应力求减小导轨的磨损量，并在磨损后能自动补偿或便于调整。

（三）疲劳和压溃

过载或接触应力不均匀使导轨表面产生弹性变形，导轨反复运行多次后就会形成疲劳点，出现塑性变形，导轨表面因龟裂、剥落而出现凹坑，这种现象就是压溃。疲劳和压溃是滚动导轨失效的主要原因，为此，应控制滚动导轨承受的最大载荷和受载的均匀性。

（四）刚度

导轨受力变形会影响导轨的导向精度及部件之间的相对位置，因此要求导轨应有足够的刚度。为了减轻或平衡外力的影响，可采用加大导轨尺寸或添加辅助导轨的方法提高导轨的刚度。

（五）低速运动平稳性

低速运动时，作为运动部件的运动导轨易产生爬行现象。低速运动的平稳性与导轨的结构和润滑，动、静摩擦系数的差值，以及导轨的刚度等有关。

（六）结构工艺性

设计导轨时，要注意制造、调整和维修的方便，力求结构简单，工艺性及经济性好。

二、导轨副的组合形式

常用导轨副有双矩形组合、双三角形组合、矩形—三角形组合、三角形—平面导轨组合、燕尾形导轨及其组合五种形式。

（一）双矩形组合

两条矩形导轨的组合突出了矩形导轨的优缺点。侧面导向有以下两种组合：宽式组合，两导向侧面间的距离大，承受力矩时，双矩形组合产生的摩擦力矩较小，考虑到热变形，导向面间隙较大，影响导向精度；窄式组合，两导向侧面间的距离小，导向面间隙较小。承受力矩时，双矩形组合产生的摩擦力矩较大，可能产生自锁。

（二）双三角形组合

两条三角形导轨的组合突出了三角形导轨的优缺点，但工艺性差，多用于高精度机械。

（三）矩形—三角形组合

矩形—三角形组合导向性优于双矩形组合，承载能力优于双三角形组合，工艺性介于二者之间，应用广泛。但要注意，采用这种形式，若两条导轨上的载荷相等，则摩擦力不等，使磨损量不同，破坏了两导轨的等高性。

（四）三角形—平面导轨组合

采用这种形式的导轨具有三角形组合导轨和矩形组合导轨的基本特点，但由于没有闭合导轨装置，因此只能用于受力向下的场合。对于三角形和矩形组合导轨、三角形和平面组合导轨，由于三角形和矩形（或平面）组合导轨的摩擦阻力不相等，因此在布置牵引力的位置时，应使导轨摩擦阻力的合力与牵引力在同一直线上，否则就会产生力矩，使三角形导轨对角接触，影响运动部件的导向精度和运动的灵活性。

（五）燕尾形导轨及其组合

燕尾形组合导轨的特点是制造、调试方便。燕尾形导轨与矩形导轨组合兼有调整方便和能承受较大力矩的优点，多用于横梁、立柱和摇臂等导轨。

三、导轨副间隙调整

为了保证导轨正常工作，导轨滑动表面之间应保持适当的间隙。导轨的间隙过小，会增大摩擦阻力；导轨的间隙过大，会降低导向精度。如果导轨的间隙依靠刮研来保证，要费很大的劳动量，而且导轨经长期使用后，会因磨损而增大间隙，需要及时调整，故导轨应有间隙调整装置。矩形导轨需要在垂直和水平两个方向上调整间隙。

导轨间隙常用的调整方法有压板法和镶条法两种。对于燕尾形导轨，可采用镶条（垫片）法同时调整垂直和水平两个方向的间隙。对于矩形导轨，可采用修刮压板、修刮调整垫片的厚度或调整螺钉的方法进行间隙的调整。

四、滚动导轨及其分类

滚动导轨是在作相对直线运动的两导轨面之间加入滚动体，变滑动摩擦为滚动摩擦的一种直线运动支承。滚动导轨的优点是：摩擦系数小，运动灵活；动、静摩擦系数基本相同，因而启动阻力小，不易产生爬行现象；可以预紧，刚度高；寿命长；精度高；润滑方便，一次装填，长期使用。滚动导轨大致有以下几种分类方法。

（一）按滚动体的形状分类

按滚动体的形状分类，滚动导轨可分为钢珠式和滚柱式两种。滚柱式由于为线接触，具有较高的承载能力，但摩擦力也较大，同时加工装配也相对复杂。目前使用较多的是钢珠式。

（二）按导轨截面形状分类

按导轨截面形状分类，滚动导轨可分为矩形和梯形两种。四方向等载荷式导轨截面为矩形，承载时各方向受力大小相等。导轨截面为梯形，导轨能承受较大的垂直载荷，而其他方向的承载能力较低，但对安装基准的误差调节能力较强。

（三）按滚道沟槽形状分类

按滚道沟槽形状分类，滚动导轨可分为单圆弧和双圆弧两种。单圆弧沟槽为两点接触，双圆弧沟槽为四点接触。前者运动摩擦和安装基准平均作用比后者要小，但静刚度比后者稍差。

五、轴承及其分类

（一）轴系用轴承的类型

滚动轴承是广泛应用的机械支承。滚动轴承主要由滚动体支承轴上的负荷，并与机座作相对旋转、摆动等运动，以求在较小的摩擦力矩下，达到传递功率的目的。

轴系组件所用的轴承有滚动轴承和滑动轴承两大类。随着机床精度要求的提高和变速范围的扩大，简单的滑动轴承难以满足要求，滚动轴承的应用越来越广。滚动轴承不断发展，不仅在性能上基本满足使用要求，而且由专业工厂大量生产，因此质量容易控制。但滑动轴承所具有的工作平稳和抗振性好特点，是滚动轴承所难以代替的，所以出现了各种多楔动压轴承及静压轴承，使滑动轴承的应用范围在不断扩大，尤其在一些精密机械设备上，各种新式的滑动轴承得到了广泛应用。常见主轴滚动轴承配置形式及工作性能如表 3-9 所示。

表 3-9　常见主轴滚动轴承配置形式及工作性能

序号	轴承配置形式	前支承轴承型号		后支承轴承型号		前支承承载能力		刚度		振摆		温升		限转速极	变形前端位移
		径向	轴向	径向	轴向	径向	轴向	径向	轴向	径向	轴向	总的	前支承		
1		N3000	230000	NN3000		1.0	1.0	1.0	1.0	1.0	1.0		1.0	1.0	1.0
2		NN3000	5100 两个	NN3000		1.0	1.0	0.9	3.0	1.0	1.0	1.15	1.2	0.65	1.0
3		NN3000		30000 两个		0.6		0.7		1.0		0.6	0.5	1.0	3.0
4		3000		3000		0.8	1.0	0.7	1.0	1.0	1.0	0.8	0.75	0.6	0.8
5		3500		3000		1.5	1.0	1.13	1.0	1.0	1.0	1.4	1.4	0.6	0.8
6		30000 两个		30000 两个		0.7	0.7	0.45	1.0	1.0	1.0	0.7	0.5	1.2	0.8
7		30000 两个		30000 两个		0.7	1.0	0.35	2.0	1.0	1.0	0.7	0.5	1.2	0.8
8		30000 两个	5100	30000	8000	0.7	1.0	0.35	1.5	1.0	1.0	0.85	0.7	0.75	0.8
9		84000	5100	84000	8000	0.6	1.0	1.0	1.5	1.0	1.0	1.1	1.0	0.5	0.9

注：设这些主轴组件结构尺寸大致相同，将第一种轴承配置形式的工作性能指标均设为 1.0，其他轴承配置形式的性能指标值均以第一种轴承配置为参考。

　　一般根据轴承的工作条件、受力情况和寿命要求，同时考虑轴承的组合条件来选择轴承。滚动轴承所受载荷的大小、方向和性质，是选择滚动轴承类型的主要依据。在一般情况下，滚子轴承的负荷能力比球轴承大。

（二）其他轴承

1. 非标滚动轴承

非标滚动轴承是适应轴承精度要求较高，结构尺寸较小或因特殊要求而未能采用标准轴承而自行设计的。

微型滚动轴承具有杯形外圈而没有内圈，锥形轴颈与滚珠直接接触，轴向间隙由弹簧或螺母调整。微型滚动轴承采用碟形垫圈来消除轴向间隙，垫圈的作用力比作用在轴承上的最大轴向力大 2~3 倍。

2. 静压轴承

滑动轴承阻尼性能好，支承精度高，具有良好的抗振性和运动平稳性。按照液体介质的不同，目前使用的轴承有液体滑动轴承和气体滑动轴承两大类。按油膜和气膜压强的形成方法，又有动压轴承、静压轴承和动静压相结合的轴承之分。

动压轴承是在轴旋转时，油（气）被带入轴与轴承间所形成的楔形间隙中，间隙逐渐变窄，使压强升高，将轴浮起而形成油（气）楔，以承受载荷。它的承载能力与滑动表面的线速度成正比，低速时承载能力很低。因此，动压轴承只适用于速度很高且速度变化不大的场合。

静压轴承是利用外部供油（气）装置将具有一定压力的液（气）体通过油（气）孔通入轴套油（气）腔，将轴浮起而形成压力油（气）膜，以承受载荷。它的承载能力与滑动表面的线速度无关。因此，静压轴承广泛应用于低、中速、大载荷，高精度的机器中。它具有刚度大、精度高、抗振性好、摩擦阻力小等优点。

静压轴承包围油腔的四周称为封油面，封油面与运动表面构成的间隙称为油膜厚度。为了承载，需要流量补偿。补偿流量的机构称为补偿元件，也称节流器。压力油经节流器第一次节流后流入油腔，又经封油面第二次节流后从轴向（端面）和周向（回油槽）流入油箱。

3. 磁悬浮轴承

磁悬浮轴承利用磁力作用将转子悬浮于空中，使转子与定子之间没有机械接触。磁悬浮轴承的工作原理是：磁感应线与磁浮线垂直，轴芯与磁浮线是平行的，所以转子就固定在运转的轨道上，利用几乎是无负载的轴芯往反磁浮线方向顶撑，使整个转子悬空在固定运转轨道上。

径向磁悬浮轴承由转子和定子两个部分组成。定子部分装上电磁体，以保持转子悬浮在磁场中。转子转动时，由位移传感器检测转子偏心，并通过反馈与基准信号

（转子的理想位置）进行比较，调节器根据偏差信号产生调节信号，并把调节信号送到功率放大器以改变电磁体（定子）的电流，从而改变磁悬浮力的大小，使转子恢复到理想位置。

第四章　机电一体化动力系统

动力系统是机电一体化系统的心脏，承担着为系统提供能源和动力的任务。随着伺服技术的发展，系统对动力元件的要求越来越高，要求动力元件达到更高的精度、稳定性并具有更好的响应特性，高性能机电一体化产品更是对动力元件的性能提出了挑战。电力电子技术和现代控制理论的发展，使得动力元件的驱动和控制方法更多、结构更复杂。因此，在选型或使用的过程中，不但要熟悉各种动力元件的原理和特性，而且要掌握其驱动和控制方法，根据工程实际需要，合理、正确地选择、使用动力元件。

对于本章内容的学习，建议学生多查阅相关的资料文献，包括参看网上大量的各类动力元件资料，分析各类机电一体化系统中动力元件的选用依据，加深对不同类型动力元件特性的理解，并及时复习前期相关的课程内容。

第一节　动力元件的分类

动力系统的主要任务是为总系统提供能量和动力，使系统正常运行，用尽可能少的输入动力，获得尽可能大的输出功率。在机电一体化系统中，驱动执行机构运动的部件是各种类型的动力元件，如电动机、液压马达、气动马达和内燃机等。数控机床的主轴转动、工作台的进给运动以及工业机器人手臂升降、回转和伸缩运动等需要动力元件进行驱动。

动力元件在机电一体化系统中处于机械执行机构与微电子控制装置之间，能在电子控制装置的控制下，将输入的各种形式的能量转换为机械能。现在大多数动力元件已作为系列化商品生产，可以作为标准组件选用和外购。

根据使用能量的不同，动力元件可以分为电气式、液压式和气压式等几种类型。电气式动力元件将电能变成电磁力，并用该电磁力驱动执行机构运动。液压式动力元件先将电能变换为液压能并用电磁阀改变压力油的流向，从而驱动执行机构运动。气压式动力元件与液压式动力元件的原理相同，只是将介质由液体改为气体。其他动力元件与使用材料有关，如双金属片、形状记忆合金或压电元件。

一、电气式动力元件

电气式动力元件包括各种电动机、电磁铁等。其中，利用电磁力的电动机因简单、实用而成为常用的动力元件。电动机按不同的使用电源可分为直流电动机和交流电动机两大类，按控制方式又可以分为普通电动机、控制用电动机和其他电动机。

二、液压式动力元件

液压式动力元件主要有各种油缸、液压马达等，其中油缸占绝大多数。目前，已研制出各种数字式液压动力元件，如电液伺服马达和电液步进马达。这两种液压马达的最大优点是转矩比电动机的转矩大，可以直接驱动执行机构，转矩惯量比大，过载能力强，适用于重载的高变速驱动。液压式动力元件在强力驱动和高精度定位时性能好，而且使用方便。一般的电液伺服系统可采用电液伺服阀控制油缸的往复运动。

三、气压式动力元件

气压式动力元件除了工作介质是压缩空气外，与液压式动力元件基本一样。典型的气压式动力元件有气缸、气压马达等。气压驱动虽可得到较大的驱动力、行程和速度，但由于空气黏性差，具有可压缩性，故不能在定位精度较高的场合使用。

第二节 电动机的主要特性

一、直流电动机

（一）直流电动机的结构和工作原理

1. 结构

直流电动机主要由转子、定子、换向器和电刷等构成。定子部分主要由定子铁芯和绕在上面的励磁绕组两个部分组成；转子部分主要由电枢铁芯和电枢绕组两个部分组成；换向器由很多彼此绝缘的铜片组合而成，铜片又称为换向片，每个换向片都与电枢绕组连接；电刷装置包括电刷与电刷座，固定在机座上，换向器与电刷保持滑动接触，以便将电枢和外电路接通。

2. 工作原理

直流电动机的工作原理是：通电电枢绕组在定子绕组磁场的作用下产生电磁转矩，驱动电枢旋转，从而将电能转换为机械能。如图 4-1 所示，直流电源接在电刷 A、B 之间而使电流通入电枢线圈，电枢线圈 ab 段中的电流方向是由 b 至 a，cd 段中的电流方向是由 d 至 c，使两个边上受到电磁力的方向相反，电枢绕组受到顺时针方向的电磁转矩的作用，电枢顺时针转动。电枢线圈旋转之后，当 ab 段旋转至 S 极一侧，cd 段旋转至 N 极一侧时，由于换向器的作用，ab 段中的电流方向是由 a 至 b，cd 段中的电流方向是由 c 至 d，电磁力和电磁转矩的方向保持不变。

（二）直流电动机的分类

直流电动机按定子励磁绕组的励磁方式不同可分为四类：直流他励电动机、直流并励电动机、直流串励电动机和直流复励电动机。它们的结构和特点如表 4-1 所示。

图 4-1　直流电动机工作原理图

表 4-1　直流电动机按励磁方式不同的分类

类别	特点	结构原理图
直流他励电动机	励磁绕组由外加电源单独供电，励磁电流与电枢两端电压或电枢电流无关	
直流并励电动机	励磁绕组与电枢绕组并联，由外部电源一起供电，励磁电流与电枢两端电压或电枢电流有关	
直流串励电动机	励磁绕组与电枢绕组串联，由外部电源一起供电，励磁电流与电枢两端电压或电枢电流有关	
直流复励电动机	励磁绕组分为两个部分，一部分与电枢绕组并联，另一部分与电枢绕组并联，励磁电流与电枢两端电压或电枢电流有关	

（三）直流电动机的机械特性

1. 机械特性及其一般公式

电动机的机械特性指的是电动机轴转速与输出电磁转矩之间的函数关系。

不同励磁方式的直流电动机，运行特性也不尽相同。下面主要介绍应用较多的直流他励电动机的机械特性。

直流他励电动机电枢回路的电压平衡方程式为

$$U = E + I_a R_a \qquad (4-1)$$

式中　U——电枢电压；

　　　E——电枢感应电动势；

　　　I_a——电枢电流；

　　　R_a——电枢回路内阻。

当定子绕组励磁磁通更恒定时，电枢绕组的感应电动势与电动机转速成正比，即

$$E = K_e \Phi n \qquad (4-2)$$

式中　K_e——电动势常数；

　　　E——电枢感应电动势；

　　　n——电动机转速。

电动机的电磁转矩为

$$T = K_m \Phi I_a \qquad (4-3)$$

式中　T——电动机电磁转矩；

　　　K_m——转矩常数。

上述三式联立，即可得出直流他励电动机的转速公式，即机械特性一般公式，即

$$n = \frac{U}{K_e \Phi} - \frac{R_a}{K_e K_m \Phi^2} T \qquad (4-4)$$

当励磁电流为定值，励磁磁通不变时，电动机的机械特性曲线如图4-2所示。

图4-2　直流他励电动机的机械特性图

由电动机机械特性曲线可得以下电动机的机械特性参数。

（1）理想空载转速。转矩 T=0 时的转速称为理想空载转速，用 n_0 表示。根据式（4-4）可得

$$n_0 = \frac{U}{K_e \Phi} \qquad (4-5)$$

实际上，直流他励电动机总存在空载制动转矩，靠电动机本身的作用是不可能使转速上升到理想空载转速的，"理想"的含义就在这里。

（2）转速降落。

$$\Delta n = n_0 - n = \frac{R_a}{K_e K_m \Phi^2} T \qquad (4-6)$$

（3）机械特性硬度。机械特性硬度即电动机转矩变化与转速变化的比值。电动机机械特性硬度的计算公式为

$$\beta = \frac{dT}{dn} = \frac{\Delta T}{\Delta n} \times 100\% \qquad (4-7)$$

根据机械特性硬度值的不同，可将电动机机械特性分为三类，如表4-2所示。

表4-2　电动机机械特性分类

类别	β	举例
绝对硬特性	趋近于无穷	交流同步电动机的机械特性
硬特性	不小于10	直流他励电动机的机械特性，交流异步电动机机械特性的上半部
软特性	小于10	直流串励电动机和直流复励电动机的机械特性

实际中，应根据生产机械和工艺过程的具体要求来决定选用何种机械特性的电动机。例如，一般金属切削机床、连续式冷轧机、造纸机等需要选用硬特性的电动机；而起重机、电车等需要选用软特性的电动机。

2. 固有机械特性

直流他励电动机的固有机械特性指的是在额定条件（额定电压 U、和额定磁通 φ）下，且电枢回路不外接电阻时的转速-转矩函数关系，即

$$n = \frac{U_N}{K_e \Phi_N} - \frac{R_a}{K_e K_m \Phi_N^2} T \qquad (4-8)$$

根据直流他励电动机的铭牌数据求出 no、Tv 和 ny，并考虑正、反转不同状态，即可得到直流他励电动机正反转时的固有机械特性曲线，如图4-3所示。

3. 人为机械特性

人为机械特性是指人为地改变直流电动机的参数，如电枢电压 U、励磁磁通 Φ 或电枢回路串接附加电阻 R_{ad} 时所得到的机械特性。

（1）改变电枢电压的人为机械特性。当改变电枢电压时，直流他励电动机的机械

图4-3　直流他励电动机正反转时的固有机械特性

特性公式变为

$$n = \frac{U}{K_e \Phi_N} - \frac{R_a}{K_e K_m \Phi_N^2} T \qquad (4-9)$$

随电枢电压变化，直流他励电动机的理想空载转速改变，但转速降不变，因此机械特性曲线变为一平行于固有机械特性曲线的曲线簇，如图4-4所示。

图4-4 改变电枢电压时直流他励电动机的机械特性

（2）电枢回路中串接附加电阻的人为机械特性。当电枢回路中串接附加电阻 R_{ad} 后，直流他励电动机机械特性公式变为

$$n = \frac{U_N}{K_e \Phi_N} - \frac{R_a + R_{ad}}{K_e K_m \Phi_N^2} T \qquad (4-10)$$

电枢回路串接附加电阻后，直流他励电动机的理想空载转速不变，但转速降增

大，因此，机械特性曲线变为图4-5所示的曲线簇。

图4-5　电枢回路串接电阻时直流他励电动机的机械特性

（3）改变励磁磁通时的人为机械特性。当改变励磁磁通 φ 时，直流他励电动机的机械特性公式变为

$$n = \frac{U_N}{K_e \Phi} - \frac{R_a}{K_e K_m \Phi^2} T \qquad (4-11)$$

随着励磁磁通的降低，直流他励电动机的理想空载转速和转速降增大，启动电流不变，启动转矩而减小，因此，机械特性曲线变为图4-6所示的曲线簇。

图4-6　改变励磁磁通时直流他励电动机的人为机械特性

（四）直流电动机的启动特性和启动方式

1. 启动特性

电动机的启动就是施加电源，使电动机转子转动起来，达到要求转速的过程。

直流电动机电枢绕组内阻很小，启动电流很大，过大的启动电流对电动机、机械系统及电网的危害很大。因此，在启动直流电动机时必须限制电枢电流。

2. 启动方式

直流电动机的启动方式通常有降压启动和电枢回路串电阻启动两种方式。

（1）降压启动。降压启动是在电动机启动时，降低供电电压，降低启动电流，随着转速的升高，反电势增大，再逐步提高供电电压，最后达到额定电压时，电动机达到所要求的转速。

（2）电枢回路串电阻启动。电枢回路串电阻启动是在电动机启动时，在电枢回路串接启动电阻，此时启动电流将受外加启动电阻的限制，随着转速的升高，反电势增大，逐步切除外加电阻，使电动机达到所要求的转速。

电枢回路串电阻启动时，直流电动机电枢回路及启动过程如图4-7所示。图4-7（b）中直线1为电动机电枢回路串接启动电阻时的机械特性，直线2为电动机的固有机械特性。启动电阻的大小是保证启动电流为额定值的两倍。

(a) 电路图　　　　　　　　（b）启动过程

图4-7　具有一段启动电阻的直流电动机电枢回路及启动过程

电枢回路接入电网时，KM断开，电动机工作在机械特性曲线1上，在动态转矩的作用下，电动机的速度上升。

当速度上升到a点时，KM闭合，电动机的机械特性曲线变为曲线2。由于在切换电阻的瞬间，机械惯性的作用使电动机的转速不能突变，在此瞬间速度维持不变，即电动机的工作点从a点切换到b点，在动态转矩的作用下，电动机的速度继续上升直到稳定点c。

从图4-7（b）中不难看出：当电动机的工作点从a点切换到b点时，冲击电流仍很大。为了解决这个问题，通常采用逐级切除启动电阻的方法来实现。图4-8所示是具有三段启动电阻的直流电动机电枢回路及启动过程。

(a) 电路图　　　　　　　　（b）启动过程

图4-8　具有三段启动电阻的直流电动机电枢回路及启动过程

（五）直流电动机的调速特性

由直流他励电动机机械特性公式可知，改变串入电枢回路的电阻、改变电枢电压或主磁通，均可改变电动机的转速，以达到速度调节的要求。

1. 改变电枢回路外串电阻

电枢回路串接电阻后，直流电动机的机械特性如图 4-9 所示。由机械特性曲线可看出，在一定的负载转矩下，串入不同的电阻，直流电动机可以得到不同的转速。例如，在电阻分别为 R_a、R_1、R_2、R_3 的情况下，可以分别得到与稳定工作点 A、C、D 和 E 对应的不同的转速。

直流电动机改变电枢回路串接电阻调速的特点是：机械特性较软，且电阻愈大，机械特性愈软，稳定度愈低；空载或轻载时，调速范围不大；实现无级调速困难；在调速电阻上消耗大量电能等。因此，直流电动机的这种调速方式目前已很少采用，仅在起重机、卷扬机等低速运转时间不长的传动系统中采用。

2. 改变电枢电压

直流电动机改变电枢电压调速的特性如图 4-10 所示。由机械特性曲线可看出，在一定的负载转矩下，在电枢两端加上不同的电压 U_N、U_1、U_2、U_3，直流电动机可以分别得到与稳定工作点 a、b、c 和 d 对应的不同的转速。

图 4-9　直流电动机电枢回路串电阻调速的特性　　图 4-10　直流电动机改变电枢电压调速的特性

直流电动机改变电枢电压调速的特点是：可以实现平滑无级调速；机械硬度不变，调速稳定度较高；转矩不变，属于恒转矩调速，适用于对恒转矩负载进行调速。

3. 改变主磁通

直流电动机改变主磁通调速的特性如图 4-11 所示。由机械特性曲线可看出，在一定的负载功率下，不同的主磁通，可以得到不同的转速 n_a、n_b、n_c。

直流电动机改变主磁通调速的特点是：可以实现平滑无级调速；机械特性较软，调速范围不大；主磁通只能在小于 Φ_N 的范围内调节，属于弱磁调速；属于恒功率调速，适用于对恒功率负载进行调速。

图4-11　直流电动机改变主磁通调速的特性

（六）直流电动机的制动

制动是指使电动机脱离电网，并外加阻力转矩，使电动机迅速停车。

直流电动机制动有反馈制动、反接制动和能耗制动三种形式。这里仅介绍直流电动机制动的相关概念，具体制动方法可参看相关参考文献。

反馈制动就是再生制动，此时电动机处于发电状态，将动能转变为电能，回馈电网，从而实现减速的目的。

反接制动是指将电动机的电枢电压反接，并在电枢回路中串入电阻，又称为电源反接制动。在反接制动期间，电源仍输入功率，负载释放的动能和电磁功率均消耗在电阻上。反接制动适用于快速停转并反转的场合，对设备的冲击力大。

能耗制动是指对运行中的电动机突然断开电枢电源，然后在电枢回路串入制动电阻，从而使电枢绕组的惯性能量消耗在电阻上，使电动机快速制动。

二、交流电动机

交流电动机采用电网交流电供电。与直流电动机相比，交流电动机结构简单、转速高、容量大，具有较好的动态特性和静态特性。交流电动机是工业生产中应用最广的电动机。

按照工作原理，交流电动机可分为异步电动机和同步电动机。异步电动机转子转速与同步转速存在转速差，而同步电动机转子转速与同步转速相同。

（一）三相异步电动机

1. 结构

三相异步电动机主要由定子和转子两个部分组成，如图4-12所示。三相异步电动机的定子和转子之间有一定的气隙。

（1）定子。定子由定子铁芯、定子绕组以及机座组成。

定子铁芯是磁路的一部分，由硅钢片叠压而成，片与片之间绝缘，以减少涡流损

图 4-12　三相异步电动机的结构

耗。定子铁芯硅钢片的内圆冲有定子槽，槽中安放线圈，如图 4-13 所示。

定子绕组是电动机的电路部分。三相异步电动机的定子绕组分为对称地分布在定子铁芯上的三个部分，称为三相绕组。这三个部分分别用 AX、BY、CZ 表示，其中，A、B、C 称为首端，而 X、Y、Z 称为末端。三相绕组接入三相交流电源，三相绕组中的电流使定子铁芯中产生旋转磁场。

机座主要用于固定与支承定子铁芯。

（2）转子。转子绕组组成。

转子铁芯也是电动机磁路的一部分，由硅钢片叠压而成。转子铁芯装在转轴上，如图 4-13 所示。

图 4-13　三相异步电动机定子和转子的硅钢片

异步电动机转子绕组多采用鼠笼式和线绕式两种形式。因此，异步电动机按绕组形式的不同分为鼠笼式异步电动机和线绕式异步电动机两种。线绕式和鼠笼式两种异步电动机的转子构造虽然不同，但工作原理是一致的。转子的作用是产生转子电流，即产生电磁转矩。

线绕式异步电动机转子绕组由线圈组成绕组放入转子铁芯槽内，并分为三相对称绕组，与定子产生的磁极数相同。

2. 工作原理

三相异步电动机的工作原理是基于定子旋转磁场和转子电流的相互作用。

当定子绕组采用星形连接（见图4-14）时，在定子绕组中通以交流电，各相定子绕组中的电流如图4-15所示。

图4-14　三相异步电动机定子绕组的星形接法

图4-15　三相异步电动机各相定子绕组中的电流波形

根据右手螺旋法则可确定三相绕组中电流产生的磁场，当三相绕组中的电流以正弦规律变化时，磁场的方向也在空间不断旋转，因此定子中会生成一个旋转磁场，如图4-16所示。

图4-17所示为三相异步电动机的工作原理示意图。图4-17假设三相异步电动机的定子只有一对磁极，转子只有一匝绕组。

在旋转磁场的作用下，转子导体切割磁力线，因而在导体内产生感应电动势，从而产生感应电流。根据安培力定律，转子电流与旋转磁场相互作用产生电磁力（方向用左手定则确定），在转子轴上形成电磁转矩，转矩的作用方向与旋转磁场的旋转方向相同。转子受转矩的作用，按旋转磁场的旋转方向旋转。转子的旋转速度称为电动机的转速。

(a) t=0　　　(b) t=T/6　　　(c) t=T/3　　　(d) t=T/2

图4-16　三相异步电动机的两极旋转磁场

图4-17　三相异步电动机工作原理示意图

旋转磁场相对于定子的转速称为同步转速，用 n_0 表示，计算公式为

$$n_0 = \frac{60f}{p} \tag{4-12}$$

式中　f——输入的电源频率；

　　　p——电动机的极对数。

转速差与同步转速的比值称为转差率，用 S 表示，计算公式为

$$S = \frac{n_0 - n}{n_0} \tag{4-13}$$

式中　n——定子的转速。

3. 机械特性

（1）转矩特性和机械特性。三相异步电动机的电磁转矩如式（4-10）所示。

$$T = K \frac{SR_2 U^2}{R_2^2 + (SX_{20})^2} \tag{4-14}$$

式中　K——与电动机结构参数、电源频率有关的常数；

　　　S——转差率；

　　　R_2——转子每相绕组的电阻；

　　　U——电源电压；

　　　X_{20}——$n=0$ 时转子每相绕组的感抗。

由式（4-13）和式（4-14）可得到三相异步电动机的机械特性。机械特性分为固有机械特性和人为机械特性两种。

（2）固有机械特性。固有机械特性是三相异步电动机在额定电压和额定频率下，用规定的接线方式，定子和转子电路中不串接任何电阻或电抗器时的机械特性，如图4-18所示。图4-18中有理想空载工作点、额定工作点、启动工作点和临界工作点四个特殊工作点。

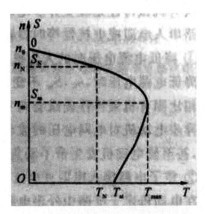

图4-18　三相异步电动机的固有机械特性

在理想空载工作点，$T=0$，$n=n_0$，$S=0$，电动机的转速为理想空载转速n_0。

在额定工作点，$T=T_N$，$n=n_N$，$S=S_N$，额定转矩和额定转差率分别为

$$T_N = 9.55\frac{P_N}{n_N} \tag{4-15}$$

式中　T_N——电动机的额定输出转矩；

P_N——电动机的额定功率；

n_N——电动机的额定转速。

$$S_N = \frac{n_0 - n_N}{n_0} \tag{4-16}$$

式中　S_N——电动机的额定转差率。

在启动工作点，$T=T_{st}$，$n=0$，$S=1$。

启动转矩计算公式为

$$T_{st} = K\frac{R_2 U^2}{R_2^2 + X_{20}^2} \tag{4-17}$$

启动能力系数是启动转矩与额定转矩之比。启动能力系数表征电动机启动能力的大小，用λ_{st}表示，计算公式为

$$\lambda_{st} = \frac{T_{st}}{T_N} \tag{4-18}$$

在临界工作点，$T=T_{max}$，$n=n_m$，$S=S_m$。

临界转差率S_m计算公式为

$$S_m = \frac{R_2}{X_{20}} \qquad (4-19)$$

将 S_m 代入转矩公式中，即可得最大转矩 T_{max} 为

$$T_{max} = K\frac{U^2}{2X_{20}} \qquad (4-20)$$

过载能力系数是最大电磁转矩与额定转矩之比。过载能力系数表征电动机能够承受冲击负载的能力大小，用 λ_m 表示，计算公式为

$$\lambda_m = \frac{T_{max}}{T_N} \qquad (4-21)$$

在实际应用中，用前文所述的转矩公式计算机械特性比较烦琐，因此它可转化为最大转矩 T_{max} 和临界转差率 S_m 表示的形式，如式（4-22）所示。

$$T = \frac{2T_{max}}{\frac{S}{S_m} + \frac{S_m}{S}} \qquad (4-22)$$

式（4-22）为转矩-转差率特性的实用表达式，也叫规格化转矩-转差率特性。

（3）人为机械特性。人为机械特性是改变异步电动机定子电压、定子电源频率、定子电路串入电阻或电抗器、转子电路串入电阻或电抗器等时得到的机械特性。

①降低电源电压时的人为机械特性，降低电源电压时，n_o、S_m 不变，但最大转矩 T_{max}、启动转矩 T_{st} 会降低，因此得到的机械特性曲线相比固有机械特性曲线会向左侧移动。

异步电动机对电网电压的波动非常敏感，电压降低太多，会大大降低它的过载能力与启动转矩，甚至使电动机发生带不动负载或者根本不能启动的现象②定子电路接入电阻或电抗器时的人为机械特性。在电动机定子电路中外串电阻或电抗器后，定子外串电阻或电抗器产生的压降致使定子绕组相电压降低，电动机人为机械特性与降低电源电压时类似。

定子电路串入电阻或电抗器后，电动机最大转矩要比降低电源电压时的最大转矩大。因为电动机启动后，随着转速的上升和启动电流的减小，串入电阻或电抗器上的压降减小，加到电动机定子绕组上的端电压自动增大，使得最大转矩增大；而降低电源电压，在整个启动过程中，定子绕组的端电压是恒定不变的。③改变定子电源频率时的人为特性，改变定子电源频率时，如果保持 T_{max} 不变，需要同时改变电源电压，使 U/f 为定值。因此，随着定子电源频率的降低，电动机的理想空载转速降低，临界转差率变大，最大转矩基本不变。④转子电路串电阻时的人为特性，转子电路串入电阻对理想空载转速、最大转矩没有影响，但临界转差率增大，电动机机械特性较软。

4. 交流电动机的启动特性

（1）机械系统对电动机启动特性的主要要求。①有足够大的启动转矩，保证生产机械能正常启动。②在满足启动转矩要求的前提下，启动电流越小越好。

（2）异步电动机的启动特性。异步电动机启动时，启动电流大，启动转矩小。异

步电动机的启动特性和机械系统的要求是相互矛盾的，因此异步电动机需要根据具体情况采取不同的启动方式。

（3）鼠笼式异步电动机的启动方式。鼠笼式异步电动机的启动主要有直接启动和降压启动两种方式。①直接启动（全压启动），直接启动就是将电动机的定子绕组通过闸刀开关或接触器直接接入电源，在额定电压下进行启动运行。②定子串电阻或电抗器降压启动，鼠笼式异步电动机采用定子串电阻或电抗的降压启动原理。

表 4-3　鼠笼式异步电动机启动方法的比较

启动方法	U_{st}/U_N	I'_{st}/I_{st}	T'_{st}/T_{st}	优点	缺点
直接启动	1	1	1	无须附加设备	启动电流大，只在电源容量允许的情况下采用
定子串电阻或电抗器降压启动	0.80	0.80	0.64	结构简单，启动电流较小	启动转矩小，适用于空载或轻载场合
	0.65	0.65	0.42		
	0.50	0.50	0.25		
Y-Δ 降压启动	0.57	0.33	0.33	结构简单，经济，启动电流小	启动转矩小，启动电压不能调节，适用于空载或轻载场合
自耦变压器降压启动	0.80	0.64	0.64	启动电流较小	结构复杂，启动转矩小，适用于空载或轻载场合
	0.65	0.42	0.42		
	0.50	0.25	0.25		

5. 交流电动机的调速特性

根据转差率及同步转速的计算公式，可得交流电动机的转速公式如式（4-23）所示。

$$n = n_o(1-S) = \frac{60f}{p}(1-S) \qquad (4-23)$$

由式（4-23）可知，交流电动机转速随定子电源频率、磁极对数和转差率的变化而变化，因此它的调速方法主要有变频调速、变极对数调速和变转差率调速三种。其中，变频调速调速范围大、精度高，是目前交流电动机应用最广的调速方法。这里仅介绍变频调速特性。

交流电动机的转速与定子电源频率成正比，改变定子电源频率即可连续改变交流电动机的转速。改变定子电源频率可以实现无级调速。

6. 交流电动机的制动方法

与直流电动机一样，交流电动机的制动方法也有反馈制动、反接制动和能耗制动三种形式。具体内容可参看相关资料。

（二）同步电动机

同步电动机是三相交流电动机。它由于转子转速与同步转速相同，因此称为"同步电动机"。同步电动机通常分为旋转磁极式和旋转电枢式。旋转磁极式同步电动机按照转子磁场形成方式又分为励磁式和永磁式。励磁式转子磁场由直流励磁绕组产生，而永磁式转子磁场由永磁体产生。下面以励磁式同步电动机为例，阐述同步电动机的基本结构、工作原理及机械特性。

1. 结构

励磁式同步电动机由定子和转子两个部分组成，定子主要由定子铁芯、定子绕组和机座组成，转子由主磁极、直流励磁绕组、电刷和集电环等组成。

2. 工作原理和特性

同步电动机的工作原理是磁场的相互作用。励磁式同步电动机工作原理图如图4-19所示。当定子绕组通以三相交流电时，气隙中便会产生旋转磁场，旋转磁场的转速为同步转速；而转子直流励磁绕组通以直流电后，又会产生极性不变的静止磁场。由于磁场的相互作用，转子磁场在定子旋转磁场的带动下以同步转速旋转，旋转速度计算公式为

$$n = n_o = \frac{60f}{p} \tag{4 - 24}$$

当定子电源频率和转子极对数一定时，同步电动机转子转速是定值，不会随着外加负载转矩的变化而变化，具有恒定转速的特性，电动机的机械特性曲线是平行于横轴的直线。

图4-19　励磁式同步电动机工作原理图

第三节　液压马达与气动马达的主要特性

一、液压马达及其主要特性

液压马达以液体作为工作介质，是把液压能转变成旋转机械能的一种能量转换装置。它可以分为两类：一类是高速小转矩液压马达，它的转速一般为300～3 000 r/min

或更高，转矩在几百牛·米以下；另一类是低速大转矩液压马达，它的转速一般低于300 r/min，转矩为几百至几万牛·米。

根据结构形式不同，液压马达又可以分为齿轮式、叶片式、钢球式、柱塞式等几种。齿轮式液压马达和钢球式液压马达使用较少，轴向柱塞式液压马达在机床液压系统中应用较多，叶片式摆动液压马达在工业机器人、自动化等领域应用较多。

液压马达相较电气装置能产生更大的动力。在同等功率下，液压马达的体积较小、质量轻（只有电动机的12%左右）；液压马达的无级调速范围大，换向平稳、速度快（可达500次/min），易于实现自动控制和过载保护。但是，液压马达的工作性能依赖于整个液压传动系统，出现故障时不易找出原因，且造价较高。

二、气动马达及其主要特性

气动马达是把压缩空气的压力能转换成机械能的能量转换装置，它的工作原理类似于液压马达，只是工作介质为压缩空气。

按工作原理，气动马达可以分为容积式和透平式两大类。其中容积式气动马达有叶片式（单向回转式、双向回转式、双作用双向式）、活塞式（轴向活塞式、径向活塞式）、齿轮式（双齿轮式、多齿轮式）和摆动式（单叶片式、双叶片式、齿轮齿条式）四种类型。透平式气动马达一般很少应用。

叶片式气动马达的结构及工作原理示意图如图4-20所示。叶片式气动马达一般有3~10个叶片，叶片安装在转子的径向槽内，转子装在偏心的定子内。压缩空气进入定子腔后，产生旋转力矩。压缩空气经进气口1，通过机体上的孔道2进入定子。在机体与定子的气道结合处装有密封圈3，以防止漏气。进入定子的压缩空气在定子喷口4处射向叶片5，促使叶片5带动转子6回转，废气从定子排气口7，通过机体排气口8而排出。定子内的残余气体通过孔道9、10、11，最后从12处排出。在需要改变气动马达的旋转方向时，压缩空气由排气口12进入（如虚线箭头所示），通过孔道11、10、9而进入定子。废气仍旧从定子排气口7，通过机体排气口8排出，定子内的残余气体经由定子喷口4、密封圈3、孔道2、进气口1排出。

图4-21所示是叶片式气动马达的特性曲线，它是在一定工作压力下作出的。当工作压力不变时，叶片式气动马达的转矩T、转速n及功率P均随外载荷的变化而变化。由特性曲线可知，气动马达的转矩随着转速的增大而下降。当转速达最大值$n = n_{max}$时，转矩为零，气动马达空转，输出功率为零。当外加载荷转矩等于气动马达最大转矩T_{max}时，转速为零，气动马达停转，这时输出功率也为零。当外加载荷转矩等于气动马达最大转矩的一半，即$T_{max}/2$时，气压马达的转速为最大转速的一半，即$n_{max}/2$，此时气动马达的输出功率达最大值。通常，这就是所要求的气动马达的额定功率。

图4-20　—叶片式气动马达的结构及工作原理示意图

1—进气口；2, 9, 10, 11—孔道；3—密封圈；4—定子喷口；5—叶片；6—转子；
7—定子排气口；8—机体排气口；12—排气口

图4-21　叶片式气动马达的特性曲线

T—转矩特性曲线；P—功率特性曲线；Q_v—耗气量特性曲线

第四节 伺服动力元件及驱动

一、概述

伺服一词来源于英文单词"servo"，即系统跟随外部输入指令实现期望的输出。在自动控制系统中，把输出量能以一定准确度跟随输入量变化的系统称为随动系统或伺服系统。伺服系统起初应用于火炮控制，如今已广泛应用于数控机床、计算机外部设备、工业机器人等机电一体化系统中。

伺服系统一般由控制器、比较元件、执行元件、检测元件和被控对象构成，如图4-22所示。其中：比较元件将输入量与系统反馈量相比较，获得偏差信号；控制器根据偏差值，调节控制量；执行元件是各种动力元件，按控制量的要求，驱动被控对象工作；检测元件对输出量进行测量，并将结果反馈至系统输入端。

图4-22 伺服系统原理图

机电一体化系统对伺服系统的要求主要涉及精度、稳定性、响应特性、调速能力和负载能力五个方面。

（1）精度高：输出量跟随输入量变化的精确程度要高。

（2）稳定性好：在给定输入或外界干扰的作用下，能在短暂的调节过程后到达新的稳定状态或者回复到原有平衡状态。

（3）响应快：输出量随输入指令信号的变化要快。

（4）调速范围宽：在承担全部工作负载的条件下，应具有宽的调速范围，以适应各种工况的需要。

（5）负载能力强：能在足够宽的调速范围内，承担全部工作负载。

二、伺服系统的分类

伺服系统按照不同标准有多种分类方式。

（一）按控制原理分类

按控制原理可以将伺服系统分为开环控制伺服系统、半闭环控制伺服系统和闭环控制伺服系统。

开环控制伺服系统主要采用步进电动机作为动力元件，系统中不要求位置检测与反馈控制。步进电动机每接受一个指令脉冲，电动机轴就转过一个步距角，驱动机械系统运动。开环控制伺服系统的精度低于闭环控制伺服系统，且主要取决于步进电动机与机械传动机构。

半闭环控制伺服系统是指在电动机轴上安装检测装置，并按反馈控制原理构成的伺服系统。由于检测装置安装在电动机轴上，机械传动装置不包括在控制环内，所以机械传动误差没有反馈，半闭环控制伺服系统的位置精度与开环控制伺服系统相当。由于驱动功率大，响应速度快，半闭环控制伺服系统得到广泛的应用。

闭环控制伺服系统是指在系统的输出端安装检测装置，并将检测信号反馈至系统输入端的伺服系统。它由于机械传动装置也包括在控制环内，因此可以校正机械系统由刚度、间隙、惯量、摩擦及制造精度导致的误差，取得较高的传动精度，但稳定性会受到影响，给设计和调整带来困难，所以设计闭环控制伺服系统时应综合考虑机电参数的各种特性，以求获得良好的系统特性。

（二）按执行元件分类

按执行元件可以将伺服系统分为电气伺服系统和电液伺服系统。

电液伺服系统采用电液伺服马达或电液步进马达作为执行元件，具有低速输出转矩大、反应快和速度平稳的优点，但液压系统容易发生故障，难以维护。

电气伺服系统采用直流伺服电动机、交流伺服电动机或步进电动机作为执行元件，维护方便，可靠性高。

三、常用的伺服动力元件

伺服系统中的执行元件分为电气式、液压式和气动式三类。电气式执行元件是各类控制用电动机，主要有直流伺服电动机、交流伺服电动机和步进电动机等。这类电动机在很宽的速度和负载范围内，可以完成连续而精确的运动变化，响应特性远优于传统的直流或交流调速电动机，在各种自动控制系统中得到日益广泛的应用。

通过电压、电流、频率（包括指令脉冲）等控制，控制用电动机（伺服电动机）可以方便地实现定速、变速驱动或者反复启停，而驱动的精度随驱动对象的不同而不同。而且，目标运动不同，电动机及其控制方式也不同。步进电动机的开环方式、其他电动机的半闭环和全闭环方式是控制用电动机的基本控制方式。

控制用电动机是伺服系统的重要组成部分，它的性能直接影响伺服系统的性能。因此，除了要求稳速运转之外，还要求控制用电动机具有良好的加速、减速和伺服等动态性能。

通常伺服系统对控制用电动机的基本要求有以下几个方面。

（1）性能密度大，即惯量小、动力大、体积小、质量轻。性能密度可以用功率密度 P_G 和比功率 dP/dt 这两个性能指标来表示。电动机功率密度的计算公式为

$$P_G = \frac{P}{m} \tag{4-25}$$

式中 P——电动机的功率（kW）；

m——电动机的质量（kg）。

电动机比功率的计算公式为

$$\frac{\mathrm{d}P}{\mathrm{d}t} = \frac{T_N^2}{J_m} \qquad (4-26)$$

式中 T_N 电动机的转矩（N·m）；

J_m 电动机转子的转动惯量（kg·m²）。

（2）快速性好，即加速转矩大，频响特性好。

（3）位置控制精度高，调速范围宽，低速运行平稳无爬行现象，分辨力高，振动噪声小。

（4）适应启停频繁的工作要求。

（5）可靠性高，寿命长。

在不同的应用场合，对控制用电动机的性能和功率密度的要求有所不同。对于启停频率低（如每分钟几十次），但要求低速运行时平稳和扭矩脉动小、高速运行时振动和噪声小、在整个调速范围内均可稳定运动的系统（如机器人的驱动系统），控制用电动机的功率密度是主要的性能指标；对于启停频率高（如每分钟数百次），但不特别要求低速平稳性的机电设备，如高速打印机、绘图机、打孔机、集成电路焊接装置等，比功率是控制用电动机主要的性能指标。在额定输出功率相同的条件下，无刷伺服电动机的比功率最高，比功率由高到低依次为步进电动机、直流伺服电动机、交流伺服电动机。各种控制用电动机的特点及应用举例如表4-4所示。

表4-4 伺服电动机的特点及应用举例

种类		主要特点	应用实例
有刷直流伺服电动机		高响应特性，高功率密度（体积小、质量轻），可实现高精度数字控制，接触换向部件（电刷与整流子）需要维护	NC机械、机器人、计算机外围设备、办公设备、音响、音像设备、计测设备等
无刷直流伺服电动机（晶体管式）		无接触换向部件，需要磁极位置检测器，具有有刷直流伺服电动机的全部优点	音响、音像设备、计算机外围设备等
交流伺服电动机	永磁同步型	无接触换向部件，需要磁极位置检测器（如同轴编码器等），具有直流伺服电动机的全部优点	NC机械（进给运动）、机器人等
	感应型（矢量控制）	对定子电流的激励分量和转矩分量分别进行控制，具有直流伺服电动机的全部优点	NC机械（主轴运动）
步进电动机		转角与控制脉冲数成比例，可构成直接数字控制系统；有定位转矩；可构成廉价的开环控制伺服系统	计算机外围设备、办公设备、数控装置

四、步进电动机

（一）步进电动机概述

步进电动机是一种将电脉冲信号转换成机械位移的机电执行元件。当一个电脉冲信号施加于电动机的控制绕组时，电动机轴就转过一个固定的角度（步距角），顺序连续地输入电脉冲信号，电动机轴一步接一步地运转。步进电动机轴的角位移与输入脉冲数严格成正比，且运行中无累积误差。

通过改变电脉冲信号的频率和数量及电动机绕组通电顺序，步进电动机能方便地实现调速、定位和转向控制，而且在开环控制下可以精确定位，因此广泛应用在数字控制的各个领域。但是步进电动机在使用中不能达到很高的转速（一般小于 2 000 r/min），存在低频振荡、高频失步等缺陷。

（二）步进电动机的分类

步进电动机的种类很多。它按工作原理分为反应式步进电动机、永磁式步进电动机、混合式步进电动机，按输出转矩大小分为快速步进电动机、功率步进电动机，按励磁绕组相数分为二相步进电动机、三相步进电动机、四相步进电动机、五相步进电动机、六相步进电动机、八相步进电动机等，按定子排列分为轴向式步进电动机和径向式步进电动机。

1. 按工作原理分类

（1）可变磁阻（VR）式步进电动机。可变磁阻式步进电动机的定子、转子均由软磁材料冲制、叠压而成。定子上安装多相励磁绕组，均匀分布若干大磁极，每个大磁极上有数个小齿和槽。转子上无绕组，转子圆周外表面均匀分布若干齿和槽。可变磁阻式步进电动机由定子绕组通电激磁产生的反应转矩推动转子转动，因而也称反应式步进电动机。这类步进电动机结构简单，工作可靠，运行频率高，步距角小（0.09°~9°）。目前有些数控机床及工业机器人采用这类步进电动机。

（2）永磁（PM）式步进电动机。永磁式步进电动机的转子采用永磁铁，在圆周上进行多极磁化，它的转动靠与定子绕组所产生的电磁力相互吸引或排斥来实现。这类步进电动机控制功率小，效率高，造价低，转子为永磁铁，因而无励磁时也具有保持力，但由于转子极数受磁钢加工限制，因而步距角较大（7.5°~18°），电动机频率响应较低，常使用在记录仪、空调机等速度较低的场合。

（3）混合（HB）式步进电动机。混合式步进电动机也称永磁反应式步进电动机，它的定子与可变磁阻式步进电动机的定子类似，磁极上有控制绕组，极靴表面上有小齿；转子由永磁铁芯构成，同样切有小齿。由于是永磁铁，转子齿带有固定极性。这类步进电动机既具有可变磁阻式步进电动机步距角小、工作频率高的特点，又有永磁式步进电动机控制功率小、无励磁时具有转矩定位的优点，但结构复杂，成本相对也高。

2. 按输出转矩分类

（1）快速步进电动机。快速步进电动机启动频率高、响应快，但输出转矩小，只能带动较小负载。当负载较大时，它应与液压扭矩放大器相连组成电液步进电动机，以提高输出转矩及功率。

（2）功率步进电动机。功率步进电动机的输出转矩大于 10 N·m，它可直接驱动工作台，从而简化了结构，提高了精度。目前微机改造机床的开环控制伺服系统一般采用功率步进电动机。

（三）步进电动机的结构和工作原理

1. 结构

在结构上，步进电动机由定子和转子组成。三相反应式步进电动机结构示意图如图 4-23 所示。

定子部分由定子铁芯、定子绕组、绝缘材料等组成。定子铁芯是由硅钢片叠压而成的有齿的圆环状铁芯，每对磁极上绕有励磁绕组，由外部电脉冲信号对各相绕组轮流励磁。磁极上开有齿槽。

转子部分由转子铁芯、转轴等组成。转子铁芯是由硅钢片或软磁材料叠压而成的齿形铁芯。转子上有凸齿。

2. 工作原理

步进电动机的工作原理就是电磁铁的作用原理，即当某相定子激磁以后，能吸引邻近的转子，使转子的极齿与定子的极齿对齐。

图 4-23　三相反应式步进电动机结构示意图

以三相反应式步进电动机为例，假设每个定子磁极有一个齿，转子有四个齿，它的具体工作原理如图 4-24 所示。

（1）A 相通电，B、C 两相断电，转子 1、3 齿按磁阻最小路径被 A 相磁极产生的电磁转矩吸引过去，当转子 1、3 齿与 A 相对齐时，转动停止。

图 4-24　三相反应式步进电动机工作原理

（2）B 相通电，A、C 两相断电，磁极 B 又把距它最近的一对齿 2、4 吸引过来，使转子按逆时针方向转过 30°。

（3）C 相通电，A、B 两相断电，转子又逆时针旋转 30°。

因此，若定子线组按 A—B—C—A……顺序通电，转子就按逆时针方向转动，每步转 30°。若改变定子线组的通电顺序，按 A—C—B—A……使定子绕组通电，步进电动机就按顺时针方向转动，每步转同样 30°。

（四）步进电动机的通电方式

步进电动机励磁绕组的通电方式不同，所获得的步距角也不同。以三相步进电动机为例，它的通电方式主要有单拍、双拍及单双拍等。单是指每次绕组通电切换前后只有一相绕组通电，双是指每次绕组通电切换前后有两相绕相通电；步进电动机从一种通电状态转换到另一种通电状态叫作一拍。

1. 单拍通电方式

按 A—B-C-A 的顺序使三相定子绕组依次轮流通电，转子将一步步转动，设此时转子按逆时针方向转动，在单相通电方式下，在转换时，一个绕组断电而另一绕组刚开始通电，在高速时易失步，且单一绕组吸引转子，在平衡位置易振荡，因此单拍通电方式目前很少采用。

2. 双拍通电方式

通电按 AB—BC—CA—AB 顺序，每拍都有两相同时通电，在状态变换时，总有一组持续通电。因此，在双拍通电方式下，步进电动机运转平稳，输出转矩较单拍通电方式要大，但发热也相对较大。

3. 单双拍通电方式

通电按 A—AB—B—BC—C—CA—A 顺序，每一拍有一相持续通电。因此，在单双拍通电方式下，步进电动机运转平稳，转换频率也可提高一倍，每拍转过的角度为单拍通电方式和双拍通电方式的一半，实际使用中这种通电方式应用最广。

步进电动机的励磁相数通常为三相，实际应用中还有四相、五相、六相甚至八相，通电方式也相应有很多种。相数越多，在相同工作频率下，每相导通电流时间加长，各相平均电流会高些，有利于提高步进电动机的转矩。但相数越多，步进电动机结构越复杂，体积越庞大，控制元件增多，成本提高。因此，实际使用三相至六相的步进电动机较多。

（五）步进电动机的主要特性

1. 步距角 α

每输入一个电脉冲信号，转子所转过角度称为步距角，用 α 表示，且

$$\alpha = \frac{360°}{kZm} \tag{4-27}$$

式中　k——通电方式，单拍、双拍时，$k=1$；单双拍时，$k=2$；

　　　Z——转子的步数（转子齿数）；

　　　m——定子相数。

2. 步距角误差 $\Delta\alpha$

步距角误差是指理论步距角和空载时实际步距角之差。步距角误差随步进电动机制造精度的不同而不同，一般为 $\pm10'$ 左右，但由于步进电动机每转一转又恢复原来位置，故步距角误差不会累积。

3. 最高启动频率 f_q

最高启动频率是指步进电动机从静止状态不丢步地突然启动，并进入正常运行的最高频率（突跳频率），用 f_q 表示。最高启动频率分空载和有载两种，它们都与负载惯量有关，随负载惯量的增大而减小。

4. 最高连续工作频率 f_{max}

最高连续工作频率是指步进电动机在额定状态下逐渐升速，逐渐达到的不丢步的最高连续工作频率，用 f_{max} 表示。f_{max} 远大于 f_q，通常为 f_q 的十几倍。

5. 静态矩角特性

空载时，当步进电动机某相始终导通时，转子的齿与该相定子对齐。这时转子上没有力矩输出，处于静态。如果此时转子承受一定的负载，定子和转子之间就有一角位移 θ，步进电动机即产生一抗衡负载转矩的电磁转矩 T_j 以保持平衡。T_j 称为静态转矩，θ 称为失调角。当 $\theta=\pm90°$ 时，静态转矩 T_j 等于最大转矩 T_{jmax}。T_j 与 θ 之间关系大致为一条正弦曲线，如图 4-25 所示。该曲线反映了步进电动机的静态矩角特性。在某一通电方式下各相矩角总和称为静态矩角特性曲线族。通常，静态矩角特性曲线族的每一曲线依次错开的角度为 $2\pi/m$，当通电方式为三相单三拍时，$\theta=2\pi/3$。

静态矩角特性曲线 A 和曲线 B 的交点对应的转矩 T_q 是步进运行状态的最大启动转矩。通常可采用增加电动机相数和采用不同运行方式的方法来提高 T_q。

6. 动态矩频特性

动态矩频特性是指步进电动机运行时，输出转矩 T 与输入脉冲频率 f 之间的关系。

图 4-25　步进电动机静态矩角特性曲线族

步进电动机动态矩频特性曲线如图 4-26 所示。动态矩频特性对快速动作及工作可靠性的影响很大，与步进电动机本身的特性、负载特性、驱动方式等有关。

图 4-26　步进电动机动态矩频特性曲线

（六）步进电动机的驱动

步进电动机的运行要求足够功率的电脉冲信号按一定的顺序分配到各相绕组，驱动转子按要求转动，需要专门的驱动电源。驱动电源包含脉冲分配（环形分配）和功率放大两个部分，如图 4-27 所示。

图 4-27　步进电动机驱动电源原理图

1. 脉冲分配器

脉冲分配器的作用是将脉冲信号按通电次序分配至步进电动机各相绕组。脉冲分配可由硬件或软件方法实现。硬件环形分配器有较好的响应速度，且具有直观、维护方便等优点。软件环形分配可以充分利用计算机资源,降低成本,但受到微型计算机运算速度的限制,有时难以满足实时性的要求。

(1)硬件环形分配器。硬件环形分配器通常由集成电路构成,目前市场上有多种产品可供选择。

CH 250 是国产的三相反应式步进电动机硬件环形分配器的专用集成电路芯片,通过 CH 250 控制端的不同接法可以组成三相双三拍和三相六拍的工作方式。CH 250 的外形和三相六拍接线图如图 4-28 所示。

图 4-28 CH 250 的外形和三相六拍接线图

CH 250 主要管脚的作用如下。

A、B、C:硬件环形分配器的三个输出端,经功率放大后接到电动机的三相绕组上。

R、R*:复位端,R 为三相双三拍复位端,R* 为三相六拍复位端,先将对应的复位端接入高电平,使其进入工作状态,若为 "10",则为三相双三拍工作方式;若为 "01",则为三相六拍工作方式。

CL、EN:进给脉冲输入端和允许端,进给脉冲由 CL 输入,只有 EN = 1 时,脉冲上升沿使硬件环形分配器工作;CH 250 也允许以 EN 端作脉冲输入端,此时,只有 CL = 0 时,脉冲下降沿使硬件环形分配器工作。不符合上述规定,硬件环形分配器状态锁定(保持)。J_{3L}、J_{3r}、J_{6L}、J_{6r}:分别为在三相双三拍、三相六拍方式下时步进电动机正、反转的控制端。U_D、U_S:电源端。

CH 250 通过进给脉冲输入端控制步进速度,通过方向输入端控制转向,并通过与步进电动机相数相同的输出端分别控制电动机的各相。

(2)软件环形分配。软件环形分配的方法是利用计算机程序来设定硬件接口的位状态,从而产生一定的脉冲输出。采用不同的计算机和接口器件,软件环形分配有不同的实现方式。

图 4-29 所示是采用单片机实现的步进电动机驱动电路框图。8031 单片机 P1.0、P1.1、P1.2 三个引脚分别与步进电动机 A、B、C 三相绕组连接。引脚输出的电平信号经功率放大后,可为相应绕组通电。只要按照表 4-5,按顺序置位三个引脚的高、低电平状态,即可实现三相六拍方式的脉冲分配。

图 4-29 采用单片机实现的步进电动机驱动电路框图

表 4-5 计算机的三相六拍环形分配

| 步序 | | 通电相 | 工作状态 | | | CBA | 数值 |
正转	反转		C	B	A		（16 进制）
1	6	A	0	0	1	001	01H
2	5	AB	0	1	1	011	03H
3	4	B	0	1	0	010	02H
4	3	BC	1	1	0	110	06H
5	2	C	1	0	0	100	04H
6	1	CA	1	0	1	101	05H

编写单片机程序，将 01H、03H、02H、06H、04H、05H 存放在 EPROM 中，按顺序读取表 4-5 中的内容，输出到 P1 端口，即可实现电动机正转，反向读取则电动机反转，读取的频率决定步进电动机的转速。

2. 功率放大器

功率放大器是由以功率晶体管为核心的放大电路组成的。功率放大器的作用是将环形分配器输出的 TTL 电平信号放大为几安至十几安的电流，并送至步进电动机的各绕组。步进电动机常见的驱动电路主要有以下几种。

（1）单电压功率放大电路。图 4-30 所示是单电压供电控制步进电动机一个绕组的驱动电路。电路中，U_{LN} 是步进电动机的控制脉冲信号，控制着功率晶体管 VT 的通断。L、R_L 是步进电动机一相绕组的电路参数，R_c 是外接电阻，起限流作用，并联电容 C 是为了减小回路的时间常数，使回路电流上升沿变陡，提高步进电动机的高频性能，提高步进电动机的转矩。VD 是续流二极管，起保护功率晶体管 VT 的作用，在 VT 由导通到截止瞬间释放步进电动机电感产生的反电势。R_d 用来减小放电回路的时间常数，使绕组中电流脉冲的后沿变陡。此电路结构简单，不足之处是 R_c 消耗能量大，电流脉冲前后沿还不够陡，在改善了高频性能后，低频工作时会使振荡有所增加，使低频特性变坏。

图4-30　单电压功率放大电路

（2）高低压功率放大电路。图4-31所示是一种高低压功率放大电路。它采用两套电源给步进电动机的绕组供电，一套是高压电源，另一套是低压电源。电路电源U_1为高电压，为80～150 V；U_2为低电压电源，为5～20 V。

图4-31 高低压功率放大电路

当指令脉冲到来时，脉冲的上升沿使VT_1和VT_2同时导通。二极管VD_1的作用使绕组只加上高电压U_1，使绕组的电流很快达到规定值。绕组的电流到达规定值后，VT_1的输入脉冲先变成下降沿，使VT_1截止，步进电动机由低电压U_2供电，维持规定电流值，直到VT_2输入脉冲下降沿到来，VT_2截止。下一绕组循环这一过程。高低压功率放大电路由于采用高压驱动，电流增长快，绕组电流前沿变陡，提高了电动机的工作频率和高频时的转矩，同时由于额定电流由低电压维持，只需阻值较小的限流电阻 R_c，故功耗较低。高低压功率放大电路的不足之处是在高低压衔接处的电流波形在顶部有下凹，影响步进电动机运行的平稳性。

（3）斩波恒流功率放大电路。斩波恒流功率放大电路如图 4-32 所示。该电路的特点是工作时 U_{in} 端输入方波步进信号。当 U_{in} 为 "0" 电平时，由与门 A_2 输出的 U_b，为 "0" 电平，功率管（达林顿管）VT 截止，绕组 W 上无电流通过，采样电阻上 R_3 上无反馈电压，A_1 放大器输出高电平；而当 U_{in} 为高电平时，由与门 A_2 输出的 U_b、也是高电平，功率管 VT 导通，绕组 W 上有电流，采样电阻上 R_3 上出现反馈电压 U_f，由分压电阻 R_1、R_2 得到设定电压与反馈电压之差，来决定 A_1 输出电平的高低，决定 U_{in} 信号能否通过与门 A_2。若 $U_{ref} > U_f$ 时，U_{in} 信号通过与门，形成 U_b 正脉冲，打开功率管 VT；反之，$U_{ref} < U_f$ 时，U_{in} 信号被截止，无 U_b 正脉冲，功率管 VT 截止。这样，在一个 U_{in} 脉冲内，功率管 VT 会多次通断，使绕组电流在设定值上下波动，如图 4-32 所示。由于电流波形顶波呈锯齿形波动，故斩波恒流功率放大电路有时会产生巨大的电噪声。

（a）电路原理　　　（b）电流波形

图 4-32　斩波恒流功率放大电路

斩波恒流功率放大电路中绕组上的电流不随步进电动机的转速而变化，从而保证在很大的频率范围内，步进电动机都输出恒定的转矩。斩波恒流功率放大电路虽然复杂，但绕组的脉冲电流边沿陡，由于采样电阻 R_3 的阻值很小（一般小于 1 Ω），所以主回路电阻较小，系统的时间常数较小，反应较快，功耗小、效率高。斩波恒流功率放大电路在实际中经常使用。

3. 细分驱动电路

前述的各种驱动电路均按步进电动机工作方式轮流给各相绕组供电，每换一次相，步进电动机就转动一步，即每拍步进电动机转子转过一个步距角。如果在一拍中，通电相的电流不是一次达到最大值，而是分成多次，每次使绕组电流增加一些，绕组电流相应地分步增加到额定值。同样，绕组电流的下降也分多次完成，使由导通变为截止的那一相不是一下子截止，而是使电流分步降到零。这样，在一个整步距内就会增加若干新的稳定点，从而达到细分的目的。如果把额定电流分成 n 个级分别进行通电，转子就以 n 个通电级别所决定的步数来完成原有一个步距角所转过的角度，使原来的每个脉冲走一个步距角，变成了每个脉冲走 $1/n$ 个步距角，即把原来一个步距角细分成 n 份，从而提高步进电动机的精度。我们把这种控制方法称为步进电动机的细分控制。要实现细分，需要将绕组中的矩形电流波变成阶梯形电流波。阶梯波控制信号可由很多方法产生。图 4-33 所示为一种恒频脉宽调制细分驱动电路。

(a) 电路图　(b) 波形图

图 4-33　恒频脉宽调制细分驱动电路

在原来的一个输入脉冲信号的宽度内，把电流按线性（或正弦规律）分成 n 份。由数字控制信号经 D/A 转换器转换得到绕组电流控制电压 U_s。D 触发器的触发脉冲信号 U_m 可由计算机（或单片机）提供。D/A 转换器接收到数字信号后，将它转换成相应的模拟信号电压 U_s 并加在运算放大器 Q 的同相输入端。由于这时绕组中电流还没跟上，所以 $U_f < U_s$。运算放大器 Q 输出高电平，D 触发器在高频触发脉冲 U_m 的控制下，H 端输出高电平，使功率晶体管 VT_1 和 VT_2 导通，步进电动机绕组中的电流迅速上升。当绕组电流上升到一定值时，$U_f > U_s$，运算放大器 Q 输出低电平，D 触发器清零，VT_1 和 VT_2 截止。以后当 U_s 不变时，由于运算放大器 Q 和触发器 D 构成的斩波控制电路的作用，绕组电流在一定值处上下波动，即绕组电流稳定在一个新台阶上。当稳定一段时间后，再给 D/A 转换器输入一个增加的电流数字信号，并启动 D/A 转换器，这样 U_s 上升一个台阶，和前述过程一样，绕组电流也跟着上一个阶梯。当减小 D/A 转换器的输入数字信号时，U_s 下降一个阶梯，绕组电流也跟着下降一个阶梯。由此，这种细分驱动电源既能实现细分，又能保证每一个阶梯电流的恒定。

细分数的大小取决于 D/A 转换器转换的精度，若为 8 位 D/A 转换器，细分数的值为 00H~FFH。若要每个阶梯的电流值相等，则要求细分的步数必须能被 255 整除，此时的细分数可能为 3，5，15，17，51，85。只要在细分控制中改变每次突变的数值，就可以实现不同的细分控制。

总之，步进电动机细分后，由 n 微步来完成原来一步距所转过的角度，所以在步进电动机和机械系统不变的情况下，通过细分驱动可得到更小的脉冲当量，因而提高定位精度。在细分控制下，绕组电流由小均匀增到最大，或由最大均匀减到最小，避免了电流冲击，基本消除了步进电动机低速振动，使步进电动机低速运转平稳、无噪声。步进电动机细分控制在实际中得到广泛应用。

五、直流伺服电动机

直流伺服电动机具有良好的机械特性和调节特性。虽然当前交流伺服电动机已占主导地位，但在某些场合，直流伺服电动机仍在使用。

20世纪70年代研制成功了大惯量宽调速直流伺服电动机。它在结构上采取了一些措施，尽量提高转矩，改善动态特性，既具有一般直流电动机的各项优点，又具有小惯量直流电动机的快速反应性能，易与较大的负载惯量匹配，能较好地满足伺服驱动的要求，因此，在数控机床、工业机器人等机电一体化产品中得到了广泛的应用。

（一）宽调速直流伺服电动机的结构和特点

宽调速直流伺服电动机按电枢的结构与形状可分为平滑电枢型、空心电枢型和有槽电枢型等，按定子磁场产生方式可分为电激磁型和永久磁铁型两种。电激磁型结构的特点是激磁量便于调整，易于安排补偿绕组和换向极，电动机的换向性能得到改善，成本低，可以在较宽的速度范围内得到恒转矩特性。

永久磁铁型结构一般没有换向极和补偿绕组，电动机的换向性能受到一定限制，但它不需要激磁功率，因而效率高，电动机在低速时能输出较大转矩。此外，这种结构温升低，电动机直径可以做得小些，加上目前永磁材料性能不断提高，成本逐渐下降，故此结构用得较多。

永久磁铁型宽调速直流伺服电动机的结构如图4-34所示。电动机定子采用矫顽力大、不易去磁的永磁材料，转子直径大并且有槽，因而热容量大，而且结构上又采用了通常凸极式和隐极式永磁电动机磁路的组合，提高了电动机气隙磁密。在电动机尾部通常装有低纹波（纹波系数一般在2%以下）的测速发电机用以作为闭环控制伺服系统必不可少的速度反馈元件，这样不仅使用方便，而且保证了安装精度。

图4-34 永久磁铁型宽调速直流伺服电动机的结构
1—转子；2—定子（永磁体）；3—电刷；4—测速发电机

宽调速直流伺服电动机由于在结构上采取了上述措施，因而性能上有以下特点。

（1）电动机输出转矩大：在相同的转子外径和电枢电流情况下，所设计的转矩系数较大，故可产生较大转矩，使电动机转矩和惯量的比值增大，因而可满足较快的加减速要求；在低速时，能输出较大转矩，能直接驱动丝杠、简化结构、降低成本且提高精度。

（2）电动机过载能力强：电动机转子有槽，热容量大，因而热时间常数大，耐热性能好，可以过载运行几十分钟。

（3）动态响应性能好：电动机定子采用高性能永磁材料，具有很大的矫顽力和足够的厚度，提高了电动机的效率，而且又没有激磁损耗，去磁临界电流可取得偏大，能产生 10~15 倍的瞬时转矩，而不出现退磁现象，从而使动态响应性能大大提高。

（4）低速运转平稳：电动机转子直径大，电动机槽数和换向片数可以增多，使电动机输出力矩波动减小，有利于电动机低速运转平稳。

（5）易于调试：电动机转子惯量较大，外界负载转动惯量对伺服系统的影响相对减小，工作稳定。

此外，宽调速直流伺服电动机还配有高精度低纹波的测速发电机、旋转变压器（或编码盘）及制动器，为速度环提供了较高的增益，能获得优良的低速刚度和动态性能，因而宽调速直流伺服电动机是目前机电一体化闭环或半闭环控制伺服系统中应用最广、最多的控制用电动机。

（二）宽调速直流伺服电动机的工作特性

宽调速直流伺服电动机的工作特性是由一些参数和特性曲线所限定的。电动机转矩和转速随运行条件的变化而变化。图 4-35 所示为 FB-15 型宽调速直流伺服电动机的转矩-转速特性曲线，也称工作曲线。图 4-35 中 a、b、c、d、e 五条曲线组成了电动机的三个区域，描述了电动机输出转矩和转速之间的关系。在连续工作区内，转速和转矩的任何组合都可使电动机长时间连续工作；而在断续工作区，电动机只允许短时间工作或周期间歇工作，即工作一段时间停歇一段时间，间歇循环允许工作时间的长短因载荷大小而异。在加（减）速区，电动机处于加（减）速工作状态下。

图 4-35　FB-15 型宽调速直流伺服电动机的转矩-转速特性曲线

曲线 a 为电动机温度限制曲线。在此曲线上，电动机达到绝缘所允许的极限值，故只允许电动机在此曲线下长时间连续运行。曲线 c 为电动机最高转速限制曲线。随着转速上升，电枢电压升高，整流子片间电压加大，超过一定值有发生环火的危险。转矩曲线 d 中最大转矩主要受永磁材料的去磁特性限制，当去磁超过某值后，铁氧体磁性发生变化。

（三）直流伺服电动机的调速驱动

直流伺服电动机用直流供电，调节直流伺服电动机的转速和方向时，需要对直流电压的大小和方向进行控制。目前直流伺服电动机常用可控硅（SCR）直流调速驱动和晶体管脉宽调制（PWM）直流调速驱动两种调速驱动方式。

1. 可控硅直流调速驱动

可控硅又称为晶闸管，是一种大功率的半导体器件。它既有单向导电的整流作用，又有可控的开关作用，可以用作整流电路给直流电动机供电。若将专用的触发电路与整流电路相结合，可以实现直流电动机的调速。

可控硅直流调速驱动具有以下特点。

（1）可控硅是半控型器件，只能控制其开通，不能控制其关断。

（2）可控硅的工作频率也不能太高（<400Hz），这限制了它的应用。

（3）通态损耗小，控制功率大。

（4）可控硅作开关使用时，没有机械抖动现象。

20 世纪 70 年代后期，可关断晶闸管（GTO）、功率晶闸管（GTR）、功率场控晶体管（功率 MOS-FET）等全控型（既可控制开通又可控制关断）器件及其模块的出现和实用化使得对电能的控制和转换进入崭新的领域。特别是 20 世纪 80 年代出现的绝缘门极双极晶体管（IGBT），它兼有 GTR 和功率 MOS-FET 两者的全部优点，因而获得广泛的应用。

图 4-36 是普通晶闸管的结构示意图和图形符号。它是 PNPN 四层半层体三端器件，有三个 PN 结——J_1、J_2、J_3，以及三个引出电极——A（阳极）、K（阴极）、G（门极，也称控制级）。普通晶闸管的等效电路如图 4-37 所示。门极电流 I_G 的注入，使 T_2 产生 I_{c2}，I_{c2} 又使 I_1 产生 I_{c1}，这进一步增大了 T_2 的基极电流，从而加速了晶闸管的饱和导通。对图 4-37 进行分析可得出如下三点结论。

第一，晶闸管导通必须具备两个条件：一是阳极 A 与阴极 K 之间要加正向电压（图中为 U_A）；二是门极 G 与阴极 K 之间也要有足够的正向电压和正向电流（图中 U_G 和 I_G）。

第二，晶闸管一旦导通，门极即失去控制作用，只要维持阳极电位高于阴极电位和阳极电流 I_A、大于维持电流 I_H，就可继续导通晶闸管。

第三，为使晶闸管关断，必须使阳极电流 I_A、减小到维持电流 I_H 以下，这只有采用使阳极电压减小到零或者反向的方法来实现。

普通晶闸管可以用于可控整流（AC-DC）电路、逆变（DC-AC）电路和其他开

（a）结构示意图（b）图形符号

图 4-36　普通晶闸管的结构示意图和图形符号

图 4-37　普通晶闸管的等效电路

关电路。图 4-38 所示是单相全控桥式整流电路。图 4-39 所示为单相全控桥式整流电路整流电压波形，其中 U_G 是触发脉冲波形，α 为触发角，由触发电路提供。所以单相全控桥式整流电路的控制实际上就是触发控制角 α 的控制，在直流电动机的调速过程中实际上也是通过调整 α 角来进行控制的。

图 4-38　单相全控桥式整流电路

图 4-39 单相全控桥式整流电路整流电压波形

2. 晶体管脉宽调制直流调速驱动

与可控硅直流调速相比，晶体管脉宽调制直流调速具有以下特点。

(1) 系统主电源采用整流滤波，对电网波形的影响小，几乎不产生谐波影响。

(2) 由于晶体管开关工作频率很高（在 2 kHz 左右），因此系统的响应速度和稳速精度等性能指标都较好。

(3) 电枢电流的脉动量小，容易连续，不必外加滤波电抗器系统也可平稳工作。

(4) 系统的调速范围很宽，并使传动装置具有较好的线性，使用宽调速直流伺服电动机，可达 1000 倍以上调速范围。

(5) 系统使用的功率元件少，线路简单，用 4 个功率三极管就可组成可逆式直流脉宽调速系统。

由于晶体管脉宽调制直流调速系统具有上述特点，所以它一出现就得到广泛的应用和重视，发展非常迅速。

晶体管脉宽调制直流调速系统的工作原理是：利用晶体管的开关工作特性调制恒定电压的直流源，按一个固定的频率来接通与断开放大器，并根据外加控制信号来改变一个周期内"接通"与"断开"时间的长短，使加在电动机电枢上电压的占空比改变，即改变电枢两端平均电压大小，从而达到控制电动机转速的目的。

晶体宽脉宽调制直流调速系统的关键是如何产生 PWM 信号。PWM 放大器即可完成此项功能。它由脉冲频率发生器、电压一脉冲变换器、分配器、功率放大器等部分组成，如图 4-40 所示。

图 4-40 PWM 放大器结构框图

脉冲频率发生器可以是三角波脉冲发生器或锯齿波脉冲发生器，它的作用是产生一个频率固定的调制信号 U_o。电压—脉冲变换器的作用是将外加直流控制电平信号 U_e 与脉冲频率发生器送来的调制信号 U_o 在其中混合后，产生一个宽度被调制了的开关脉冲信号。分配器的作用是将电压-脉冲变换器输出的开关脉冲信号按一定的逻辑关系分别送到功率放大器的各个晶体管基极，以保证各晶体管协调工作。功率放大器对宽度被调制了的开关脉冲信号进行功率放大，以驱动主电路的功率晶体管。

图 4-41 所示是一个电压-脉冲变换器线路及调制原理的波形图。当控制电压 U_e 为零时，输出电压 U_A 和 U_B 的脉冲宽度相同，且等于 $T/2$（T 为三角波的周期）。当 U_e 为正时，U_A 的宽度大于 $T/2$，U_B 的宽度小于 $T/2$，如图 4-41（b）所示；当 U_e 为负时，情况相反。由此可得到 U_A、U_B 两种不同的被调制直流电压。

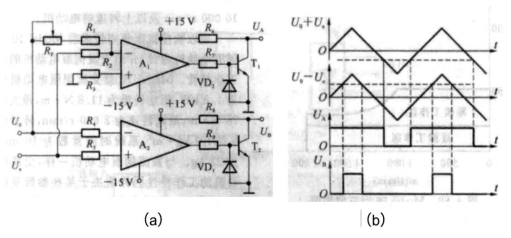

(a)　　　　　(b)

图 4-41　电压—脉冲变换器线路及调制原理的波形图

六、交流伺服电动机

直流伺服电动机具有电刷和整流子，尺寸较大，且必须经常维修，使用环境受到一定的影响，特别是其容量较小，受换向器限制，电枢电压较低，很多特性参数随转速而变化，这限制了直流伺服电动机向高转速、大容量发展。交流调速系统是在 20 世纪 60 年代末随着电子技术的发展而出现的。20 世纪 70 年代后，大规模集成电路、计算机控制技术及现代控制理论的发展与应用，为交流伺服电动机的快速发展创造了有利条件。特别是变频调速技术、矢量控制技术的应用，使得交流伺服调速逐步具备了调速范围宽、稳速精度高、动态响应快以及四象限可逆运行等良好的技术性能，在调速性能方面已可与直流伺服调速相媲美，并在逐步取代直流伺服调速。

（一）交流伺服电动机的结构特点

交流伺服电动机的类型有永磁同步交流伺服电动机（SM）和感应异步交流伺服电动机（IM）。其中：永磁同步交流伺服电动机具备十分优良的低速性能，可以实现弱磁高速控制，调速范围宽广，动态特性和效率都很高，已经成为伺服系统的主流之选；而感应异步交流伺服电动机虽然结构坚固、制造简单、价格低廉，但是在特性上和效率上与永磁同步交流伺服电动机存在差距，只在大功率场合得到重视。

交流伺服电动机的结构特点是：采用了全封闭无刷构造，以适应实际生产环境，不需要定期检查和维修；定子省去了铸件壳体，结构紧凑，外形小，质量轻（只有同类直流伺服电动机的75%~90%）；定子铁芯较一般电动机的定子铁芯开槽多且深，定子铁芯绝缘可靠，磁场均匀；可对定子铁芯直接冷却，散热效果好，因而传给系统部分的热量小，提高了整个系统的可靠性；转子采用具有精密磁极形状的永久磁铁，因而可实现高扭矩、惯量比，动态响应好，运动平稳；同轴安装有高精度的脉冲编码器作为检测元件。交流伺服电动机以高性能、大容量日益受到广泛的重视和应用。

（二）交流伺服电动机的技术规格及特性简介

对于交流伺服电动机的功率范围，当前100~2 000 W是主流，大约占整个伺服市场的70%，10 kW以下的品种占到90%。对于交流伺服电动机的转速范围，大约50%的用户需要3 000 r/min以内的电动机，40%需要转速为3 000~6 000 r/min的电动机，不到10%的人需要10 000 r/min及以上转速的电动机。

现以数控机床使用较多的Model-10型交流伺服电动机为例，介绍交流伺服电动机的规格及工作特性。Model-10型交流伺服电动机的功率为1.8 kW，额定转矩为11.8 N·m，最大转矩为78 N·m，最高转速为2 000 r/min，转子惯量为0.001 0 kg·m^2，系统时间常数为10 ms，质量为23 kg。与直流伺服电动机一样，交流伺服电动机的工作特性同样取决于某些参数及特性曲线。

（三）交流伺服电动机的变频调速

根据交流电动机转速公式，采用改变电动机极对数p、转差率S或电动机的外加电源频率（定子供电频率）f等三种方法，都可以改变交流电动机的转速。目前高性能的交流调速系统大都采用均匀改变外加电源频率f这一方法来平滑地改变电动机的转速。为了保持在调速时电动机的最大转矩不变，需要维持磁通恒定，要求定子供电电压做相应调节。因此，对交流电动机供电的变频器（VFD）一般都要求兼有调压和调频两种功能。近年来，晶闸管以及大功率晶体管等半导体电力开关问世，它们具有接近理想开关的性能，促使变频器迅速发展。通过改变定子电压U及定子供电频率f的不同比例关系，获得不同的变频调速方法，从而研制了各种类型的大容量、高性能变频器，使交流电动机调速系统在工业中得到推广应用。

1. 变频器的类型和特点

对交流电动机实现变频调速的装置称为变频器。变频器的功能是将电网电压提供的恒压恒频交流电变换为变压变频交流电，变频伴随变压，对交流电动机实现无级变速。变频可分为交-交变频和交-直-交变频两种。

交—交变频利用可控硅整流器直接将工频交流电（频率50 Hz）变成频率较低的

脉动交流电，正组输出正脉冲，反组输出负脉冲，这个脉动交流电的基波就是所需的变频电压。但采用这种变频方法所得到的交流电波动比较大，而且最大频率即为变频器输入的工频电压频率。

交一直一交变频先将交流电整流成直流电，然后将直流电压变成矩形脉冲电压，这个矩形脉冲波的基波就是所需的变频电压。采用这种变频方法所得交流电的波动小，而且调频范围比较宽，调节线性度好。交一直一交变频器根据中间直流电压是否可调可分为中间直流电压可调的 PWM 逆变器型变频器和中间直流电压固定的 PWM 逆变器型变频器，根据中间直流电路上的储能元件是大电容还是大电感可分为电压型变频器和电流型变频器。

采用了脉冲宽度调制逆变器的变频器简称 PWM 变频器。PWM 的调制方法有很多，正弦波调制方法是应用最广泛的一种。它简称 SPWM，即通过改变 PWM 输出的脉冲宽度，使输出电压的平均值接近正弦波。SPWM 变频器是目前应用最广、最基本的一种交一直一交电压型变频器，这种变频器结构简单，电网功率因数接近 1，且不受逆变器负载大小的影响，系统动态响应快，输出波形好，使电动机可在近似正弦波的交变电压下运行，脉动转矩小，扩展了调速范围，提高了调速性能，得到了广泛应用。

2. SPWM 波调制原理

变频器实现变频调压的关键是逆变器控制端获得要求的控制波形（即 SPWM 波），如图 4-42 所示。SPWM 波的形成原理是：把一个正弦半波分成 N 等分，然后把每一等分的正弦曲线与横坐标所包围的面积都用一个与此面积相等的高矩形脉冲来代替，这样可得到 N 个等高而不等宽的脉冲；这 N 个脉冲对应着一个正弦波的半周，对正弦波的负半周也进行同样的处理，得到相应的 2N 个脉冲，这就是与正弦波等效的正弦脉宽调制波，即 SPWM 波。

SPWM 波可采用模拟电路、以"调制"方法实现。在直流电动机 PWM 调速系统中，PWM 输出电压由三角载波调制直流电压得到。同理，在交流 SPWM 变频调试系统中，输出电压 U_o 由三角载波调制正弦电压得到，如图 4-43 所示。在图 4-43 中，U_t 为三角载波信号，U_1 为某相正弦控制波。通过比较器对两个信号进行比较后，输出脉宽与正弦控制波成比例的方波。$U_1>U_t$ 时，比较器输出端为高电平；$U_1<U_t$ 时，比较器输出端为低电平。SPWM 波的输出电压 U_o 是一个幅值相等、宽度不等的方波信号。信号各脉冲的面积与正弦波下的面积成比例，所以脉宽基本上按正弦分布，方波信号的基波是等效正弦波。用这个输出方波信号经功率放大后作为交流伺服电动机的相电压（电流），改变正弦基波的频率就可改变电动机相电压（电流）的频率，从而实现调频调速的目的。

在调制过程中，可以是双极性调制，也可以是单极性调制。在双极性调制过程中，同时得到正负完整的输出 SPWM 波（见图 4-43）。双极性调制能同时调制出正半波和负半波；而单极性调制只能调制出正半波或负半波，再把调制波倒相得到另外半波形，然后相加得到一个完整的 SPWM 波。

图 4-42　与正弦波等效的矩形脉冲波

图 4-43　双极型 SPWM 波的调制原理（一相）

在图 4-43 中，比较器输出 U_o 的"高"电平和"低"电平控制图 4-44 中功率晶体管的基极，即控制它的通和断两种状态。双极型控制时，功率晶体管同一桥臂上下两个开关器件交替通断。从图 4-43 中可以看到输出脉冲的最大值为 $U_s/2$，最小值是 $-U_s/2$。以图 4-44 中的 A 相为例，当处于最大值时 VT_1 导通，处于最小值时 VT_4 导通。B 相和 C 相同理。

在三相 SPWM 调制（见图 4-45 中），三角载波是共用的，而每一相有一个输入正弦信号和一个 SPWM 调制器。输入的 U_a、U_b、U_c 信号是相位相差 120° 的正弦交流信号，它们的幅值和频率都是可调的，用以改变输出的等效正弦波（U_{oa}、U_{ob}、U_{oc}）的幅值和频率，实现对电动机的控制。

图 4-44 双极型 SPWM 通用型功率放大主回路

图 4-45 三相 SPWM 波调制原理框图

3. SPWM 变频器的功率放大

SPWM 波经功率放大后才能驱动电动机。图 4-44 左侧是桥式整流电路，用以将工频交流电变成直流电；右侧是逆变器，用 $VT_1 \sim VT_6$ 六个功率晶体管把直流电变成脉宽按正弦规律变化的等效正弦交流电，用以驱动交流伺服电动机。来自控制电路的三相 SPWM 波 U_{oa}、U_{ob}、U_{oc} 及它们的反向波 U_{oa}、U_{ob}、U_{oc} 控制 $VT_1 \sim VT_6$ 的基极，作为逆变器功率开关的驱动控制信号。$VT_7 \sim VT_{12}$ 是续流二极管，用来导通电动机绕组产生的反电动势。放大电路的右端接在电动机上。由于电动机绕组电感的滤波作用，放大电路的电流变成正弦波。三相输出电压（电流）在相位上彼此相差 120°。

七、直线电动机

（一）直线电动机的特点

直线电动机是利用电能直接产生直线运动的电气装置。可以把直线电动机看作是旋转电动机沿径向剖开拉直而成的。近年来，世界各国开发出许多具有实用价值的直线电动机的机型，并已广泛应用在机电一体化产品中，如用于自动化仪表系统、计算机辅助设备、自动化机床以及其他科学仪器的自动控制系统等中。由于结构上的改变，直线电动机具有以下的优点。

（1）结构简单：在需要直线运动的场合，采用直线电动机即可实现直接传动，而不需要将旋转运动转换成直线运动的中间转换机构，使得总体结构得到简化，体积小。

（2）应用范围广、适应性强：直线电动机本身结构简单，容易做到无刷无接触运动，密封性好，在恶劣环境中照常使用，适应性强。

（3）反应速度快，灵敏度高，随动性好。

（4）额定值高，冷却条件好，特别是长次级接近常温状态，因此线负荷和电流密度都可以取得很高。

（5）有精密定位和自锁能力：直线电动机和控制线路相配合，可做到微米级的位移精度和自锁能力；直线电动机与微处理机相结合，可提供较精确与稳定的位置，并能控制速度和加速度。

（6）工作稳定可靠，寿命长：直线电动机是一种直传动的特种电动机，可实现无接触传递故障少，不怕振动和冲击，因而稳定可靠，寿命长。

目前，主要应用的直线电动机机型有直线直流电动机、直线感应电动机以及直线步进电动机。

（二）直线电动机的分类

1. 直线直流电动机

直线直流电动机运行效率高，控制比较方便灵活，和闭环控制伺服系统结合在一起，可精密地控制位移，而且直线直流电动机的速度和加速度控制范围广，调速平滑性好。但是直线直流电动机由于有电枢和电刷，维护和保养尚有一定的困难。

2. 直线感应电动机

与直线直流电动机一样，若把旋转感应电动机沿径向剖开，并将电动机的圆周拉平展开，则可将旋转感应电动机演变成扁平形直线感应电动机。由原来定子演变而来的一侧称为直线感应电动机的初级；由鼠笼式转子演变而来的一侧称为直线感应电动机的次级。原来沿电动机圆周空气隙旋转磁场，现在随着电动机圆周的拉平而成直线后，变成了平移磁场。由此，电动机也由旋转运动变成了直线运动。直线感应电动机的工作原理和对应的旋转感应电动机相似。

直线感应电动机也可做成圆筒形（或称为管形）结构。圆筒形直线感应电动机是由旋转感应电动机演变过来的。圆筒形结构磁路对称性好，铁芯和线圈利用率高，所以推力与动子质量的比值最大。由旋转感应电动机演变而来的这种直线感应电动机也称为直线交流感应电动机。

3. 直线步进电动机

使用直线步进电动机可以实现用一种直线运动的高速度、高精度、高可靠性的数字直线随动系统调节装置，来取代过去那种间接地由旋转运动转换而来的直线驱动方式。此外，直线步进电动机在不需要闭环控制的条件下，能够提供一定精度、可靠的位置和速度控制。直线步进电动机的工作原理与旋转步进电动机相似，它们都是一种机电转换元件。只是直线步进电动机将输入的电脉冲信号转换成相应的直线位移而不是角度位移，即在直线步进电动机上外加一个电脉冲时，产生直线运动一步，直线步进电动机的运动形式是直线步进，输入的电脉冲可由数字控制器或微处理机来提供。

直线步进电动机按作用原理可分为变磁阻式和混合式两种。通常三相直线步进电动机的动子极距可用下列公式表示：

$$P_t = (M + 1/3)\tau_t \tag{4 - 28}$$

式中　P_t——动子极距（m）；

M——任意正整数；

τ_t——定子齿距（m）。

每输入一个电脉冲，动子在空间移动的距离称为步距。每改变一次通电状态，动子移动一步（也称运行一拍）。如果运行 m_1 拍后，动子正好移动一个定子齿距 τ_t，则分辨力为 $R = \tau_t/m_1$。因此，增加运行拍数可提高位移的分辨力。

混合式直线步进电动机是利用永磁铁供磁和电流激磁相互结合的方案来产生电磁推力的，与一般步进电动机一样，混合式直线步进电动机通常也采用两相同时激磁的方法来使运动平稳、电磁推力增大。混合式直线步进电动机也可采用细分电路来提高分辨力。

直线步进电动机也有单边型、双边扁平形和圆筒形结构。直线步进电动机的直线步进运动可以是单轴向运动，也可以是双轴向或三轴向运动。

直线电动机的类型还有压电直线电动机、直线悬浮电动机（电磁轴承）及直线振荡电动机等。

第五节　动力元件建模

机电一体化系统中常用的动力元件是电气式动力元件，它的输入为电信号，输出为机械量（位移、力等）。它由驱动电路、电气—机械变换器（直流伺服电动机）、机械量变换器（如减速器）组成。由于机电一体化系统一般需要将电气一机械变换的状态（电流、速度）进行反馈，机械量变换器以及与其相连接的机构的特性改变了电气一机械变换装置的状态，因此，动力元件的动态特性不单纯是它本身的特性，应该将动力元件的动态特性和由其构成的驱动系统中机构的动态特性结合起来分析，不能简单地将动力元件的传递函数只写成各部分的乘积（即不能写成 $G_s = G_e \cdot G_{em} \cdot G_m$）。

电气式动力元件有多种，如前面介绍的直流伺服电动机、交流伺服电动机、步进电动机、直线电动机以及压电式动力元件等。动力元件电气一机械变换的基本原理是电磁变换和压电变换，与前面介绍的变换器的变换原理相同。此外，形状记忆合金动力元件也可以认为是通过电-热-变形，具有电气-机械变换功能的一种电气式动力元件。上述这些动力元件可以用于闭环控制（反馈控制）或开环控制中。下面介绍最基本的电磁变换动力元件的动态特性。

图 4-46（a）、（b）所示为直流伺服电动机工作原理和电路。图 4-46（a）、（b）中，电动机线圈的电流为 i，L 与 R 为线圈的电感与电阻，电动机的输入电压为 u，折算到电动机转子轴上的等效负载转动惯量为 J_M，电动机输出转矩和角速度分别为 T 和 ω，e 为电动机线圈的反电动势，于是有

$$\begin{cases} L\dfrac{di}{dt} + Ri = u - e \\ e = K_E\omega \\ T = K_T i \end{cases} \qquad (4-29)$$

式中　K_E——电枢的电势常数；

　　　K_T——电枢的转矩常数。

动力元件的角速度由机构的动态特性 G_M 确定，即

$$\omega = G_M(s)T \qquad (4-30)$$

在上述方程中，如果机构具有非线性，拉普拉斯变换算子 s（或 1/s）可看成微分（或积分）符号。由上述各式可画出图 4-46（c）所示的框图，动力元件输出 ω 与输入电压 u 之间的传递函数为

$$\frac{\Omega(s)}{U(s)} = \frac{K_T G_M}{G_M K_T K_E + L_s + R} \qquad (4-31)$$

(a) 原理图　　　　(b) 电路图

(c) 方框图

图 4-46 电磁感应式动力元件

如果机构只有惯性负载，则 $G_M = 1/(J_M s)$，于是有

$$\frac{\Omega(s)}{U(s)} = \frac{K_T}{(L_S + R)J_M s + K_T K_E}$$ (4 - 32)

作为电磁感应式动力元件，交流伺服电动机具有上述二次滞后特性。

第五章　机电一体化检测系统设计

传感器与检测单元是机电一体化系统的感受器官。该环节与机电一体化系统的输入端相连并将检测到的信息输送至后续的自动控制或健康监测单元。传感与检测是实现自动控制、自动调节和健康监测的关键环节，检测精度的高低直接影响机电一体化系统的性能优劣。现代工程技术要求传感器能够快速、精确地获取信息，并能经受各种严酷工况的考验。不少机电一体化系统无法达到满意的效果或无法实现预期设计的关键原因在于没有合适的传感器。因此，大力开展传感器及检测单元研发对现代机电一体化系统的创新发展具有极其重要的现实意义。此外，信息处理是检测系统的重要功能，包括信息的识别、运算和存储等，特别是信息识别，它扮演着重要角色。信息分析与处理是否准确、可靠和快速，直接影响机电一体化系统的性能。智能传感器及智能信息处理技术已经成为当前机电一体化系统最热门的研究方向之一。

第一节　概　　述

传感器与检测系统是机电一体化系统的重要组成部分。传感器是系统性能或状态的感受元件，在传感器的基础上构建的检测系统是实现系统自动控制或健康监测的关键环节，它的检测精度和效率直接影响着机电一体化系统的控制精度或诊断准确率和实效性。随着智能制造技术的深入推进，机电一体化系统对检测系统提出了更高要求，设计或选用合适的传感器、对传感器采集的信息进行有效处理、获取信息背后的物理本质，以及构建适应复杂系统的智能传感器网络，成为现代传感器与检测系统设计的关键。

一、传感器的基本概念

（一）传感器的定义

无论是用于系统自动控制还是用于健康状态监测，传感器的定义并无差别。传感器是以一定的精确度把被测量转换为与之有确定关系、便于应用的某种物理量的测量器件或装置。

传感器定义的主要内涵是：传感器是测量装置，能够完成检测任务；传感器的输入量是某种被测量，可能是物理量，也可能是化学量、生物量等；传感器的输出量是某种便于传输、转换、处理和显示的物理量，如光学量、电学量等，其中电学量居多；传感器的输出量与输入量之间具有单值确定的对应关系，并具有一定的精确度。

传感器在国内外不同领域有不同叫法，常见的中文名称有传感器、敏感器件、探测器等，常见的英文名称有 transducer、sensor、sensitive element、detector 等。

（二）传感器的组成

传感器一般由敏感元件和转换元件两个部分组成。敏感元件是传感器中能够直接感受或响应被测量的部分。转换元件是传感器中能够将敏感元件感受或响应的被测量转换成适合传输或测量的电信号的部分。

传感器的输出信号一般都很微弱，需要相应的转换电路将其变为易于传输、转换、处理和显示的物理量形式。此外，除了能量转换型传感器外，大多数传感器还需要外加辅助电源用以提供必要的能量，所以传感器通常还有转换电路和辅助电源两个部分。

（三）传感器的种类

传感器的分类目前尚无统一标准，它通常可按被检测量、所用材料、工作机理和能量传递方式等分类。

按被检测量，传感器可分为物理量传感器、化学量传感器和生物量传感器。每类传感器又可分为若干族，如物理量传感器有射线传感器、声学传感器、电学传感器、磁学传感器、光学传感器、热学传感器和力学传感器。每一族又分为若干组，如力学传感器有位置/位移传感器、速度/加速度传感器、力/力矩/压力传感器。

按所用材料，传感器可分为半导体传感器、光纤传感器和石墨烯传感器等。

按工作机理，传感器可分为结构型传感器、物性型传感器和复合型传感器。结构型传感器是利用物理学中场定律和运动定律构成的传感器。物性型传感器是利用物质法则即物质本身性能常数构成的传感器。复合型传感器是利用中间转换环节与物性型传感器复合而成的传感器。

按能量传递方式，传感器可分为有源传感器和无源传感器。前者把被测非电量转换为电能输出，如超声波压/电转换、热电偶热/电转换传感器和光电池光/电转换传感器。后者把被测非电量转换为电参量输出，如硅基力敏传感器、热电阻传感器和湿度传感器。

按输出信号形式分类，传感器可分为模拟传感器和数字传感器。前者将被测量以连续变量形式输出；后者将被测量以数字量形式输出，分为计数和编码两种。

按所测信息种类，传感器可分为内部信息传感器和外部信息传感器。前者用于检测系统自身行为和动作（用于自动控制），如位移、转速；后者用于检测作用对象和外部信息，如抓取力、障碍物，设备的振动、温升（用于健康监测）。

除上述分类，当具体使用传感器进行一项检测任务时，涉及传感器安装在哪里，由此传感器有直接测量传感器和间接测量传感器。间接测量是一种常用的有效替代方案。

二、传感器的指标及选型

进行机电一体化系统设计时，通常根据检测需求来选择合适的传感器，因此设计人员必须明确传感器的特性和性能指标。传感器特性是指输入量与输出量之间的对应关系，分为静态特性和动态特性。静态特性是输入不随时间变化而变化的特性，表示在被测量各个值处于稳定状态下传感器输入与输出之间的关系。动态特性是输入随时间变化而变化的特性，表示传感器对随时间变化的输入量的响应特性。通常，传感器输入和输出之间的关系可用微分方程描述。在理论上，将微分方程中一阶及一阶以上微分项取为零时，可得到系统的静态特性，因此静态特性是动态特性的特例。

（一）传感器的静态特性和性能指标

传感器静态特性的主要指标有线性度、灵敏度、迟滞（回差）、重复性、稳定性和分辨力等。

在静态情况下，用户希望传感器的输入与输出之间具有唯一对应关系，且最好是线性关系，但传感器本身的迟滞、蠕变和摩擦等导致输入和输出不会完全符合理想的线性关系。此时，常用直线或多段折线替代实际曲线，这称作直线拟合。校准曲线与拟合直线的偏差称为传感器的线性度或非线性误差。

灵敏度是指传感器输出变化量与引起该变化的输入变化量的比值。

迟滞是指传感器输入量增大和输入量减小的实际特性曲线的不重合程度。

重复性是指传感器在同一工作条件下输入按同一方向连续多次变动时所测得的多个特性曲线的不重合程度。

稳定性由传感器的时漂和温漂反映。时漂是指在温度恒定和某一固定输入下传感器输出量在较长时间内的变化情况。温漂是指在某一固定输入下传感器输出量随外界温度变化而变化的情况。零漂是指传感器在零输入下输出量的变化情况，包括零输入的时漂和温漂。

分辨力是指传感器能检测到的最小输入增量。

（二）传感器的动态特性和性能指标

在实际测量中，很多传感器处于动态条件下，被测量以各种形式随时间变化，此时输出量也是时间的函数，它们之间的关系采用动态特性描述。

研究传感器的动态特性，可从时域和频域两个方面入手：在时域内研究传感器对阶跃函数、脉冲函数、斜坡函数等的响应特性，在频域内研究传感器对正弦函数的频率响应特性。采用阶跃输入研究时域动态特性时，用上升时间、响应时间、过冲量（超调量）综合描述传感器的频域动态特性；采用正弦输入研究频域动态特性时，用幅频特性和相频特性描述传感器的频域动态特性，其中关键特性是响应频带宽度即带宽。

一个传感器的动态特性可用一个 n 阶常系数线性微分方程描述。方程阶数 n 是由传感器的结构和工作原理决定的。常见传感器的阶数一般是一阶或二阶。对微分方程进行数学变换，可得到传递函数或频率响应函数，进而可方便地研究传感器的动态特性。对一阶传感器，动态特性描述主要是确定时间常数；对二阶传感器，动态特性描述主要是确定固有频率和阻尼比。

(三) 传感器选型的基本要素

传感器的原理和结构千差万别。根据测量目的、测量对象及测量环境合理选用传感器，是检测系统设计面临的首要问题。

1. 根据测量对象与测量环境确定传感器的类型

要进行某一具体测量，首先要考虑采用何种原理的传感器。采用何种原理的传感器，需要分析多方面因素后确定。即使测量同一物理量，也有多种原理的传感器可供选用，哪一种原理的传感器更合适，需要根据被测量的特点和传感器的使用条件考虑以下一些问题：量程大小、被测位置对传感器体积的要求、测量方式为接触还是非接触、信号的引出方法是有线还是无线。在综合考虑上述问题之后，确定选用何种类型的传感器，然后考虑传感器的具体性能指标。

2. 灵敏度的选择

通常，在传感器的线性范围内，希望传感器的灵敏度越高越好。只有灵敏度高时，与被测量变化对应的输出信号的值才比较大，更有利于信号处理。但要注意的是，传感器的灵敏度高，与被测量无关的外界噪声也易混入，也会被放大，从而影响测量精度。因此，要求传感器本身应具有较高的信噪比，尽量减少从外界引入干扰信号。传感器的灵敏度具有方向性，当被测量是单向量，且对方向性要求较高时，应选择其他方向灵敏度小的传感器；当被测量是多维向量时，要求传感器的交叉灵敏度越小越好。

3. 频率响应特性

传感器的频率响应特性决定了被测量的频率范围，传感器应在允许的频率范围内保持不失真测量条件。传感器频率响应高，可测信号频率范围就宽。由于受到结构特性的影响，机械系统惯性较大，固有频率低的传感器可测信号的频率较低。在动态测量中，应根据信号的特点（稳态、瞬态、随机等）等确定传感器的频率响应特性，进而选取合适的传感器，以免产生过大的误差。

4. 线性范围

从理论上讲，在传感器的线性范围内，传感器的灵敏度保持定值。线性范围越宽，传感器量程越大，且能保证一定测量精度。选择传感器时，传感器的种类确定后，首先要看其量程是否满足要求。实际上，任何传感器都不能保证绝对的线性，线性度是相对的。当要求测量精度较低时，在一定范围内，可将非线性误差较小的传感器近似看作线性传感器，这给测量带来方便。

5. 稳定性

使用一段时间后，传感器的性能保持不变化的能力就是稳定性。影响传感器稳定性的因素除传感器本身结构外，主要是使用环境。因此，要使传感器具有良好的稳定性，传感器需要有较强的环境适应能力。选择传感器之前，应对传感器的使用环境进行调查，并根据具体使用环境选择合适的传感器，或采取适当措施减小环境对传感器的影响。传感器的稳定性有定量指标，在超过使用期后，重新标定才能使用。某些要求传感器能长期使用而又不轻易更换或标定的场合，对所选传感器的稳定性要求更严格，传感器要能经受住长时间考验。

6. 精度

精度是传感器的重要性能指标。如果测量目的是定性分析，则宜选用重复精度高的传感器，不宜选用绝对量值精度高的传感器；如果测量目的是定量分析，需要获得精确的测量值，宜选用精度等级能满足要求的传感器。当然，传感器的精度越高，传感器的价格越昂贵。因此，传感器的精度选取以满足整个检测系统的精度要求为主要目的。

三、传感器的发展趋势

近年来，传感器和检测技术得到了快速、稳步的发展，特别是物联网的兴起、"互联网十"的应用，给传感器的发展创造了很好的机遇，传感器和检测技术展现出以下发展趋势。

1. 系统化

系统化是不把传感器或检测技术作为一个单独器件或技术考虑，而是按照信息论和系统论要求，用工程研究方法，强调传感器和检测技术发展的系统性和协同性，将传感器视为信息识别和处理技术的一个重要组成部分，使检测技术与计算机技术、通信技术协同发展，系统地考虑检测技术、计算机技术和通信技术之间的独立性、相融性和依存性。智能化、网络化的传感器正是这种发展趋势的重要标志。

2. 新型化

新型化是利用新原理、新效应、新技术等制作新的传感器，如纳米技术、量子效应等，也包括研发具有特种用途、用于特种环境、采用特种工艺的传感器，如在高温、高压、耐腐蚀、强辐射等环境下使用的传感器。

3. 微型化

微型化是传感器敏感元件特征尺寸从毫米级到微米级再到纳米级，具有尺寸上的微型性和性能上的优越性、要素上的集成性和用途上的多样性、功能上的系统性和结构上的复合性。微型化传感器制备工艺涉及 MEMS（micro - electro mechanical systems）、IC（integrated circuit）、激光和精密超细加工技术。

4. 智能化

智能化是传感器具有记忆、存储、思维、判断、自诊断等功能。传感器输出不再是单一模拟信号，而是经过微处理器后的数字信号，传感器甚至具有控制功能。数字信号处理器（DSP，digital signal processor）被认为是推动下一代智能化传感器的关键。

5. 无源化

传感器多将非电量向电量转化，工作时离不开电源，在野外或远离电网的地方，往往用电池或太阳能为传感器供电。研制微功耗无源传感器是传感器发展的必然方向，这样既能节省能源，又能提高检测系统的寿命。

6. 网络化

传感器在现场实现 TCP/IP 协议，使现场测控数据就近登临网络，在网络所及范围内实时发布和共享信息。要使网络化传感器成为独立节点，关键是网络接口标准化，据此，传感器分为有线网络传感器和无线网络传感器两种。由后者组成的网络由布设在无人值守的监控区内，具有通信与计算能力的微小传感器节点组成，根据环境自主完成指定任务。

第二节　机械量控制常用的传感器及检测技术

传感器所检测的物理量的类型主要有机械量、流体量、电学量和热学量等。在机械量的测量中，位移与速度是绝大多数机电一体化系统最主要的控制参量，有关它们的传感器和检测技术是机电一体化系统设计中的重点。

位置和位移传感器主要用于测量机电一体化系统中执行机构的机械运动和位移，并将其转换为电信号。在机电一体化系统的开环控制中，此信息用作显示及误差补偿参考；在闭环伺服控制中，此信息作为反馈信号与给定指令信息进行比较后实现闭环控制。

位置和位移传感器的种类较多，这里介绍常用的光栅传感器、感应同步器、编码器、测速发电机和计数型转速传感器。

一、光栅传感器

光栅传感器是机电一体化系统常用的一种精密位移传感器。它根据光栅外形分为直线光栅（光栅尺）传感器和圆光栅传感器两种。前者用于检测长度，后者用于检测角度。这里主要介绍直线光栅传感器。

（一）光栅传感器的构造

直线光栅传感器是将直线位移转换成电脉冲信号的装置，由光源、光栅和光电元件等组成。它是一种开发较早、技术较成熟的高精度数字式位移传感器。

光栅是光栅传感器的主要组成部分，由标尺光栅（长光栅）和指示光栅（短光栅）组成。标尺光栅和指示光栅分别与机电一体化系统中的运动部件和固定部件连接在一起。标尺光栅和指示光栅相互平行并保持一小间隙，刻线彼此相交一小角度。光栅是在透明玻璃板上均匀地刻出的许多明暗相间的条纹，或在金属镜面上均匀地刻出的许多间隔相等的条纹。以透光玻璃为载体的光栅称为透射光栅，以不透光金属为载体的光栅称为反射光栅。通常，线条的间隙和宽度是相等的，相邻两刻线之间的距离称为栅距。刻线密度根据测量要求决定。常见的刻线密度有 10 线/mm、25 线/mm、50 线/mm、100 线/mm、200 线/mm、500 线/mm。国内数控机床一般采用 100 线/mm

或 200 线/mm 透射光栅。反射光栅的线膨胀系数很容易做到与机床材料一致。标尺光栅的安装和调整方便，易于接长或制成整根的钢带长光栅。

（二）光栅传感器的测量原理

光栅传感器利用光栅的莫尔条纹现象进行位移测量。当指示光栅在其自身平面内倾斜一小角度时，两块光栅的刻线相交，此时平行光垂直照射光栅，在光栅另一面产生明暗相间的条纹，称为莫尔条纹，如图 5-1 所示。两个光栅纵向错开一小角度，横向产生了莫尔条纹；栅距为 0.02mm 左右的粗光栅基于光线在均匀透明介质中按直线传播的原理测量位移；栅距小于 0.005mm 的细光栅基于光的衍射测量位移。测量过程是：若标尺光栅向右移动一个栅距，莫尔条纹向下移动一个条纹间距，亮区变成暗区，暗区变成亮区；光源透过亮区，在光电元件上产生光电信号，光栅相对位移产生光电脉冲输出信号，通过计光电信号的脉冲数，得到两个光栅的相对位移量。

图 5-1　莫尔条纹的形成原理

（三）光栅传感器的特性

光栅传感器能够准确地测量位移，是因为它具有以下特性。

1. 莫尔条纹运动与光栅运动具有一一对应关系

当光栅移动一个栅距 W 时，莫尔条纹相应地移动一个条纹宽度 B_M，固定检测点处光强变化一次；光栅反向移动时，莫尔条纹移动方向随之改变，莫尔条纹运动和光栅运动总是一一对应。通过读出移动过的莫尔条纹数目 n，即可获得光栅移动过的栅距数，即得到运动件的准确位移 L。

$$L = nW \tag{5-1}$$

因此，光栅传感器根据莫尔条纹的移动量和移动方向来判定光栅的移动量和移动方向。

2. 莫尔条纹具有位移放大作用

当夹角 θ 很小时,莫尔条纹宽度(明暗带之间距离)B_M、夹角 θ 和栅距 W 具有如下关系。

$$B_M = AB = \frac{BC}{\sin\dfrac{\theta}{2}} = \frac{W}{2\sin\dfrac{\theta}{2}} \approx \frac{W}{\theta}$$

上式表明,莫尔条纹对光栅的位移具有放大作用,放大倍数(灵敏系数)K 为

$$K = \frac{B_M}{W} \approx \frac{1}{\theta} \tag{5-2}$$

因此,当栅距 W 一定时,夹角 θ 越小,莫尔条纹宽度 B_M 越大,这也说明尽管栅距很小难以观察,但莫尔条纹清晰可见。这是光栅传感器测量精度高的主要原因。

3. 莫尔条纹能均化误差

莫尔条纹是由多条栅线交叠而共同形成的,少数或个别栅线的栅距误差、断线或疵病对莫尔条纹的影响很小,光电元件接收到的信号是一系列刻线的综合效应,可对个别光栅的刻划误差起到均化作用,消除栅距局部误差和短周期误差的影响,这是光栅传感器测量精度高的另一原因。

(四)光栅传感器的细分方法

提高光栅的分辨能力、提高测量精度,可采用增加光栅刻线密度和对测量信号进行细分的方法。例如,要准确测量 1 μm 以内的位移量,用光栅的栅距直接作计量单位,光栅刻线密度要达到 1 000 线/mm 以上,不仅光栅传感器制造困难、成本增高,而且间隙和夹角与刻线密度有关,会给安装和调试带来困难。因此,一般不用增加光栅刻线密度的方法,而先选择栅距较大的粗光栅,再对测量信号进行细分。细分的目的在于当莫尔条纹信号变化一个周期时,给出的不是一个脉冲,而是多个脉冲,以减小脉冲当量(每个脉冲所代表的光栅位移量)。细分的方法有很多,常用的有机械细分和电子细分。电子细分有电位器细分、电阻链细分等。电位器细分和电阻链细分实质上是利用光电元件输出的 $\sin\varphi$、$\cos\varphi$、$-\sin\varphi$、$-\cos\varphi$ 信号在 $0\sim90°$、$90°\sim180°$、$180°\sim270°$、$270°\sim360°$ 范围内进行插值,细分数为 4 的整倍数,这种细分电路细分数大(一般为 $12\sim60$),精度较高,但对莫尔条纹信号的波形、幅值及原始信号的性质有严格要求。

(五)光栅传感器的特点及应用

光栅传感器具有以下特点。

(1)精度高。光栅传感器的精度主要取决于光栅本体的制造精度,如果再采用电路细分,则它能达到微米级分辨力。

(2)可实现动态测量,易于实现测量及数据处理的自动化。

(3)具有一定的抗干扰能力,对环境要求不太严格,但油污和灰尘会影响它的可

靠性，主要适于在较洁净条件下工作。

（4）高精度光栅的制造成本高，选用时需要综合考虑性能和经济性。

在应用方面，光栅传感器主要用于长度测量、位移测量和位移量同步比较动态测量等。用光栅传感器制成的检测仪器主要有测长仪、三坐标测量机、齿形检查仪、丝杠动态检查仪、刻线机等。光栅传感器在各类数控机床中的应用最为广泛。

二、感应同步器

感应同步器是机电一体化系统常用的另一种高精度数字式位移传感器。它利用两个平面绕组的互感随位移变化而变化，将线位移或角位移转换为电信号，以进行位移检测或反馈控制。感应同步器按结构形式分为直线式感应同步器和圆盘式感应同步器。它们分别检测直线位移和角位移，二者的工作原理基本相同。这里主要介绍直线式感应同步器。

（一）感应同步器的工作原理

感应同步器是利用两个平面形绕组的互感随位置不同而变化的原理组成的。可用来测量直线或转角位移。测量直线位移的称长感应同步器，测量转角位移的称圆感应同步器。长感应同步器由定尺和滑尺组成。圆感应同步器由转子和定子组成。这两类感应同步器是采用同一的工艺方法制造的。一般情况下。首先用绝缘粘贴剂把铜箔粘牢在金属（或玻璃）基板上，然后按设计要求腐蚀成不同曲折形状的平面绕组。这种绕组称为印制电路绕组。定尺和滑尺，转子和定子上的绕组分布是不相同的。在定尺和转子上的是连续绕组，在滑尺和定子上的则是分段绕组。分段绕组分为两组，布置成在空间相差90°相角，又称为正、余弦绕组。感应同步器的分段绕组和连续绕组相当于变压器的一次侧和二次侧线圈，利用交变电磁场和互感原理工作。安装时，定尺和滑尺，转子和定子上的平面绕组面对面地放置。由于其间气隙的变化要影响到电磁耦合度的变化，因此气隙一般必须保持在 0.25 ± 0.05 mm 的范围内。工作时，该电动势随定尺与滑尺（或转子与定子）的相对位置不同呈正弦、余弦函数变化。再通过对此信号的检测处理，便可测量出直线或转角的位移量。

感应同步器有两种励磁方式：一种是滑尺激磁，从定尺绕组取出感应电势信号；另一种是定尺励磁，从滑尺绕组取出感应电势信号。目前，多采用滑尺励磁，信号处理分为鉴相型和鉴幅型两种。鉴幅型根据感应电势幅值变化来检测位移。鉴相型根据输出电压的相位来检测位移。

（二）感应同步器的种类

感应同步器按结构形式分为直线式和圆盘式两类，其中直线式又分为标准式、窄式、带式和三速式。这里主要介绍直线式感应同步器。

1. 标准式感应同步器

标准式感应同步器应用最广、精度最高，定尺上连续绕组的节距为 2 mm，定尺长度有 136 mm、250 mm、750 mm、1 000 mm 等。

2. 窄式感应同步器

窄式感应同步器的宽度比标准式感应同步器窄，绕组节距与标准式感应同步器相同，用于安装位置受限的场合，精度比标准式感应同步器低，定尺长度有 160 mm、250 mm 等。

3. 带式感应同步器

带式感应同步器的定尺较长，定尺和滑尺的绕组节距及连接方法与标准式感应同步器相同。由于不需要拼接，带式感应同步器对安装面精度要求不高，安装方便，但刚性稍差，检测精度较低。

4. 三速式感应同步器

三速式感应同步器利用粗、中、精三种不同节距来测量绝对位移，节距分别为 4 000 mm、100 mm 和 2 mm。由于三种绕组制在同一基尺上易产生相互干扰，三速式感应同步器工艺复杂，接长困难，很少采用。

（三）感应同步器的特点

感应同步器具有以下特点。

1. 精度高

感应同步器对位移的测量是直接测量，测量精度主要取决于尺子精度。因为定尺的节距误差有平均自补偿作用，所以尺子本身的精度能做得较高。感应同步器直线位移测量精度可达 ± 0.15 μm，分辨力可达 0.05 μm。总体上，感应同步器的测量精度略低于光栅传感器，高于磁栅传感器和容栅传感器。

2. 工作可靠、抗干扰性强

感应同步器的测量信号与位移有一一对应的单值关系，二次绕组输出的感应电势取决于磁通变化率、冲击振动的干扰等，不受环境温度、净化程度等的影响。

3. 维护简单、寿命长

感应同步器的材料可与被测对象的材料一致，定尺、滑尺的间隙为 0.2~0.3 mm，无接触磨损，无中间环节，安装简单，使用寿命长，便于维护。

4. 测量距离长

感应同步器被测对象的移动速度基本不受限制，适用于大、中型设备中。

5. 工艺性好，成本低，易于成批生产

三、编码器

编码器是与光栅传感器、感应同步器等数字式位移传感器计数方式不同的另一类位移传感器。编码器的计数方式是根据位置的"编码"，把位移量转换成"数字代码"。测量直线位移的编码器称为直线编码器，测量角位移的编码器称为旋转编码器。

其中旋转编码器的应用更广泛。旋转编码器有绝对式和增量式两种。

（一）绝对式旋转编码器

旋转编码器的核心部件是码盘，码盘的码道数决定了码盘的分辨力。码盘的内孔由安装码盘的被测轴的轴径尺寸决定，码盘的外径由码盘上的码道数和码道径向尺寸决定，所需码道数由分辨力决定，n 道码盘的角度分辨力为 $2\pi/2^n$ rad。码道径向尺寸由敏感元件的几何参数和物理特性决定，码盘因敏感元件不同，可选用不同的材料制造。码盘在结构上由一组同心圆环码道组成，同心圆环的径向距离就是码道宽度，根据分辨力 $2\pi/2^n$ rad 可将码盘面分成 2^n 个扇形区，这样由正交的极坐标曲线族与 2^n 条径向线就组成 2^n 个扇形网格。以二进制为例，2^n 个扇形网格区对应着 2^n 组数字编码，确定了码盘上 2^n 个角位置对应的数字量，由输出的数字量可知角位移量。根据二进制数的规律，每个扇形网格是由 n 个 "1" 和 "0" 小网格组成的一组数字编码。使用较多的旋转编码器是磁电式旋转编码器和光电式旋转编码器，二者敏感元件不同，光电式旋转编码器采用非接触式码盘，磁电式旋转编码器采用接触式码盘，但码盘结构类似。

绝对式旋转编码器的常用码盘有二进制码盘和格雷码码盘两种。图 5-2（a）所示为二进制码盘，码盘的绝对角位置由各通道的 "明"（透光）、"暗"（不透光）部分所组成的二进制数表示，透光部分用 "0" 表示，不透光部分用 "1" 表示，图示是一个具有 4 通道的码盘，按照码盘上形成二进制的每一通道配置光电变换器（图中黑点），光源隔着码盘从后侧照射。每一通道配置的光电变换器对应为 2^0、2^1、2^2、2^3。图中内侧是二进制高位 2^3，外侧是低位 2^0，如二进制数 "1101"，读出十进制数为 "13" 的角度坐标值。由于二进制码盘相邻二进制数图形变化不明确，易产生读数误差，所以实际使用中多采用格雷码（循环码）码盘（见图 5-2（b））。格雷码码盘的特点是：在从一个计数状态变到下一个计数状态的过程中，只有一位码改变，因此使用格雷码码盘的编码器不易误读，可靠性更高。

（a）二进制码盘 （b）格雷码码盘

图 5-2 绝对式旋转编码器常用的两种码盘

4 位二进制码与格雷码的对照关系如表 5-1 所示。

表 5-1　4 位二进制码与格雷码的对照关系

十进制数	二进制数	格雷码	十进制数	二进制数	格雷码
0	0000	0000	8	1000	1100
1	0001	0001	9	1001	1101
2	0010	0011	10	1010	1111
3	0011	0010	11	1011	1110
4	0100	0110	12	1100	1010
5	0101	0111	13	1101	1011
6	0110	0101	14	1110	1001
7	0111	0100	15	1111	1000

　　绝对式旋转编码器的优点是：坐标值从码盘中直接读出，不会有累积进程中的误计数；运转速度有所提高；编码器本身具有机械位置存储功能，即使因停电或其他原因造成坐标值清除，通电后仍可找到原绝对坐标位置。缺点是：当进给转数大于一转时，需要做特别处理，需将两个编码器连接起来，组成双盘编码器，此时结构复杂，制作困难，成本高。

（二）增量式旋转编码器

　　增量式旋转编码器由码盘、指示标度盘、发光二极管和光敏三极管等组成，如图 5-3（a）所示。码盘与旋转轴固定并一起旋转，指示标度盘与编码器外壳固定；码盘上刻有等分的明暗相间的主信号栅格及一个零信号栅格；指示标度盘上有三个窗口，其中两个是主信号窗口，错开 90° 相位角，另一个是零信号窗口；当发光二极管及光敏三极管接入电路时，旋转轴转动，即得到图 5-3（b）所示的光电波形输出。A、B 两组信号在相位上相差 90°，以判定回转方向；设 A 相导前 B 相时为正向旋转，则 B 相导前 A 相时是反向旋转；利用 A 相与 B 相的相位关系可判别编码器的旋转方向；Z 相产生的脉冲为基准脉冲（零点脉冲），是旋转轴旋转一周在固定位置上产生的一个脉冲，用于高速旋转时转数计数或作加工中心等机床上的准停信号；A、B 相脉冲信号经频率-电压变换后，得到与转轴转速成比例的电压信号，即速度反馈信号。普通二进制码盘每圈可输出 100、200、300、360、500、600、1 000 个脉冲等，高精度的二进制码盘可输出 5 000 个脉冲。增量式旋转编码器结构简单，体积小，价格便宜且原点复位容易，但抗干扰性较差。

(a) 结构与工作原理　　　　　　(b) 光电波形输出和脉冲输出

图 5-3　增量式旋转编码器

四、测速发电机

速度主要有线速度和角速度两种。线速度可以由角速度间接得到，而角速度可以由转速间接得到。因此，速度的测量主要是转速的测量。

（一）测速发电机的概念和分类

1. 概念

测速发电机是机电一体化系统常用的转速传感器，一般安装在电动机轴上，直接测量电动机的运转速度。它是一种检测机械转速的电磁装置，能把机械转速变换成电压信号。测速发电机的输出电压与输入转速成正比关系。

2. 分类

测速发电机分为直流和交流两种。按结构和工作原理不同，直流测速发电机有电磁式和永磁式两种，交流测速发电机有感应（异步）式和同步式两种。虽然同步测速发电机的输出电压也与转速成正比，但输出电压的频率随转速变化而变化，所以它只作指示元件用。感应测速发电机是目前应用最多的一种，尤其是空心杯转子异步测速发电机，性能较好。直流测速发电机存在机械换向问题，会产生火花和无线电干扰，但它的输出不受负载性质的影响，也不存在相角误差，所以它在实际中的应用也较广泛。

（二）测速发电机的工作原理及要求

1. 工作原理

测速发电机的工作原理就是发电机的原理，如图 5-4（a）所示。定子采用高性能的永久磁铁，转子直接安装在与电动机同轴的位置。当电动机转动时，测速发电机被带着运转，由于永久磁铁的作用，测速发电机的电枢中将感应出电动势，通过换向器的电刷获得直流电压，该电压正比于电动机运转的速度，即

$$U_{out} = kn \qquad\qquad (5-3)$$

式中 U_{out}——测速发电机的输出电压（V）；

n——测速发电机的转速（r/min）；

k——比例系数。

测速发电机的输出特性如图5-4（b）所示。当有负载时，电枢绕组中流过电流，由于电枢反应的影响，输出电压降低；若负载较大，或在测量过程中负载改变，则破坏了线性特性而产生测量误差。为了减小误差，需使负载尽可能小且恒定不变。这意味着接入测速发电机转子绕组的电阻应尽可能大。

（a）工作原理　　　　　　　　　　（b）输出特性（直流式）

图5-4 测速发电机的工作原理和输出特性

2. 要求

自动控制系统对测速发电机的要求主要是精确度高、灵敏度高、可靠性好等，具体如下。

（1）输出电压与转速保持良好的线性关系。

（2）剩余电压（转速为零时的输出电压）要小。

（3）输出电压的极性和相位能反映被测对象的转向。

（4）温度变化对输出特性的影响要小。

（5）输出电压斜率要大，即转速变化所引起的输出电压变化要大。

（6）摩擦转矩和惯性要小。

（7）体积小，质量轻；结构简单；工作可靠；对无线电通信的干扰小，噪声小等。

（三）测速发电机产生误差的原因

1. 直流测速发电机

在理想情况下，直流测速发电机的输出特性为一条直线，而实际上它的输出特性并不是一条精确的直线。引起误差的主要原因是电枢反应的去磁作用、电刷与换向器

的接触压降、电刷偏离几何中性线、温度的影响等。因此，在使用直流测速发电机时，必须注意：电动机转速不得超过规定最高转速，负载电阻应不小于给定值。在精度要求严格的场合，还需要对直流测速发电机进行温度补偿。纹波电压造成了输出电压不稳定，降低了直流测速发电机的精度。

2. 感应测速发电机

当感应测速发电机的励磁绕组产生的磁通保持不变时，转子不转时输出电压为零，转子旋转时切割励磁磁通产生感应电动势和电流，建立横轴方向的磁通，在输出绕组中产生感应电动势，从而产生输出电压。感应测速发电机输出电压的大小与转速成正比，但频率与转速无关，等于电源的频率。感应测速发电机理想的输出特性也是一条直线，但实际上并非如此。引起误差的主要因素是磁通的大小和相位、负载阻抗的大小和性质、励磁电源的性能、温度及剩余电压。其中，剩余电压是引起误差的主要因素。

3. 同步测速发电机

同步测速发电机定子输出绕组感应电动势的大小和频率都随转速的变化而变化，使测速发电机本身的内阻抗和负载阻抗的大小也随转速的变化而变化，故同步测速发电机不宜用于自动控制系统。

（四）测速发电机的应用

测速发电机在自动控制系统和计算装置中可以作为测速元件、校正元件、解算元件和角加速度信号元件使用。

1. 转速自动调节系统

测速发电机耦合在电动机轴上作为转速负反馈元件，其输出电压作为转速反馈信号送回到放大器的输入端，调节转速给定电压，系统可达到所要求的转速。

2. 位置伺服控制系统的速度阻尼及校正

在直流伺服电动机的轴上耦合一台直流测速发电机，直流测速发电机作转速反馈元件，但作用不同于转速自动调节系统中的测速发电机，它的转速反馈用于位置微分反馈的校正，起速度阻尼作用。

3. 自动控制系统的解算

测速发电机在自动控制系统中既可用作积分元件，也可用作微分元件。

机器人控制系统中采用直流测速发电机进行速度控制。该自动控制系统是一个数字伺服系统，位置检测采用光电式旋转编码器。该系统不仅有位置反馈，而且有速度反馈，与仅有位置反馈的控制系统相比，可以很平滑地接近目标位置。

五、计数型转速传感器

计数型转速传感器是应用极广泛的一类转速传感器。它的工作原理是：在测量时间 t 内利用计数器对传感器的输出电脉冲信号进行计数，按式（5-4）得到测量转速。

$$n = \frac{60N}{Zt} \qquad\qquad (5-4)$$

式中　n——转速（r/min）；

$\quad\quad Z$——传感器上的缝隙数或凹槽数；

$\quad\quad N$——脉冲数。

可以通过计数来实现转速测量的传感器有很多种，以下列举常见的几种。

（一）光电式转速传感器

光电传感器是把光信号转变为电信号的器件，工作原理是基于物质的光电效应。按照光电效应，光电传感器可分为辐射式、吸收式、遮光式、反射式4种。光电式转速传感器有透射式和反射式两种。透射式转速传感器，在被测转轴上固定一个带孔的调制圆盘（光调制盘），在调制圆盘的一边由发光元件产生恒定光，光透过盘上小孔到达光敏元件上，并由电路转换成相应的电脉冲信号。若调制圆盘上开 n 个小孔，则被测转轴旋转一周，光线透过小孔 n 次，输出 n 个电脉冲信号，孔越多，传感器的分辨力越高。反射式转速传感器，在被测转轴上贴上等间隔的反光纸或黑白相间条纹纸，由发光元件产生恒定光照射其上，另由一光敏元件接收反射光。当被测转轴转动时，光敏元件会接收到明、暗变化的反射光，从而产生相应数量的电脉冲信号。

（二）电容式转速传感器

电容式转速传感器是将被测物理量转换成电容量变化的装置，可做成变极距式、变面积式、变介电常数式三种。图5-5所示为电容式转速传感器的工作原理。定极板与齿顶相对时电容量最大，与齿隙相对时电容量最小。齿轮转动时，电容式转速传感器产生周期信号，通过测量周期信号的频率即可得到齿轮轴的转速。

图5-5　电容式转速传感器转速测量原理图

1—齿轮；2—定极板；3—电容式转速传感器；4—频率计

（三）磁电式转速传感器

磁电式转速传感器是一种发电式传感器，将被测物理量转化为电源性参量，如电势、电荷等。图 5-6 所示是变磁阻式磁电式转速传感器，它用来测量旋转轴的转速。图 5-6（a）所示为开磁路变磁阻式磁电式转速传感器，线圈、磁铁静止不动，测量齿轮安装在被测转轴上并随其一起转动。每转动一个齿，齿的凹凸引起磁路磁阻变化一次、磁通变化一次，线圈中产生感应电势，感应电势的变化频率等于被测转速与测量齿轮齿数的乘积。此种磁电式转速传感器结构简单，但输出信号较小，且因高速轴上加装齿轮较危险而不宜测量高转速。图 5-6（b）所示为闭磁路变磁阻式磁电式转速传感器。它由安装在转轴上的内齿轮和外齿轮、永久磁铁、感应线圈组成，内、外齿轮齿数相同。当转轴连接到被测转轴上时，外齿轮不动，内齿轮随被测转轴转动，内、外齿轮的相对转动使气隙磁阻产生周期性变化，从而引起磁路中磁通变化，使线圈内产生周期性变化的感应电动势。显然，感应电势的频率与被测转速成正比。

此外，图 5-7 所示是几种不同结构的霍尔式转速传感器。转盘的输入轴与被测转轴相连，当被测转轴转动时，转盘随之转动，固定在转盘附近的霍尔式转速传感器在每一个小磁铁通过时产生一个相应的脉冲，检测单位时间内的脉冲数，可知被测转速。转盘上小磁铁数目越多，霍尔式转速传感器测量转速的分辨力越高。

（a）开磁路　　　　　　　　　　　（b）闭磁路

图 5-6　变磁阻式磁电式转速传感器转速测量原理图
1—永久磁铁；2—软磁铁；3—感应线圈；4—铁齿轮；5—内齿轮；6—外齿轮；7—芯轴

图 5-7　霍尔式转速传感器转速测量原理图
1—输入轴；2—转盘；3—小磁铁；4—霍尔式转速传感器

第三节 机器人常用的传感器及检测技术

除了上述的常规位移和速度传感器外，在现代机器人和其他智能机电一体化系统中，还经常用到视觉传感器、触觉传感器和接近觉传感器等。

一、视觉传感器

由于客观世界中物体的形态和特征是相当复杂的，所以单独利用在光电技术基础上发展起来的视觉传感器实现对三维物体的识别目前在技术上还存在很大的难度和挑战。但由于视觉技术的发展，敏感器件已由简单的一维光电管线阵发展到二维光电耦合器件（CCD）面阵。利用 CCD 类器件制成的视觉传感器有较高的几何精度、更大的光谱范围、更高的灵敏度和扫描速率，结构尺寸小，功耗低，且工作可靠。

CCD 是利用内光电效应，由单个光敏单元构成的一种光电传感器。它集电荷储存、位移和输出于一体。单个光敏单元称为像素，它以一定尺寸大小按某一规则排列，从而组成 CCD 线阵或面阵。CCD 有两种基本类型：一种是光生电荷存储在半导体与绝缘体（SiO_2）的界面上，并沿界面转移，称作表面沟道电荷耦合器件（SCCD）；另一种是光生电荷存储在离半导体表面一定深度的体内，并在体内沿一定方向转移，称作体沟道或埋沟道电荷耦合器件（BCCD）。

（一）CCD 的工作原理

组成 CCD 的基本单位是 MOS 光敏单元。MOS 光敏单元是一种金属-氧化物-半导体结构的电容器。图 5-8（a）为 MOS 光敏单元结构示意图。在一个 P 型 Si 基片上热氧化生成约 $0.1\mu m$ 厚的氧化层（SiO_2），再在 SiO_2 层上沉积一层金属电极（栅极），构成一个孤立的 MOS 电容器，电容器的间隔为 $1\sim3\mu m$（由电容器结构、表面密度等因素决定）。光射到 CCD 光敏电阻单元上，栅极附近硅层产生电子空穴时，多数载流子（空穴）被栅极电压（U_G）所决定的电势排斥，少数载流子（电子）被收集在势场中，形成光生电荷。

1. 光生电荷存储

光敏单元存储光生电荷的能力取决于栅极上所加的正阶跃电压 U_G。当栅极未施加 Ua 时，P 型 Si 基片上的空穴（多数载流子）分布均匀。栅极施加 U_G 后，空穴被排斥，产生耗尽区。增大 U_G 值，耗尽区向半导体内延伸。当 $U_G>U_{th}$（阀值电压）时，氧化层（SiO_2）对 P 型 Si 基片内的电势（称为界面势Φ_s）足够大，形成一个稳定的耗尽区。此时，光生电荷被耗尽区吸收，如图 5-8（b）所示。

2. 电荷移位（耦合）

多个 MOS 光敏单元依次相邻排列（间隔 $1\sim3\mu m$），耗尽区可以交叠，即发生势阱"耦合"，势阱中的电子（光生电荷）将在互相耦合的势阱间流动。图 5-9 所示为 CCD 结构原理图。对三个相邻栅极分别加以时钟脉冲 Φ_1、Φ_2 及 Φ_3，三项时钟（驱

（a）　　　　　　　　　　　　　　　（b）

图 5-8　CCD 光敏单元结构及原理示意图

动）脉冲时序波形如图 5-10 所示。电荷移位（耦合）过程如图 5-11 所示。按照脉冲时序，栅极下光生电荷沿半导体表面按一定方向逐个单元转移。

图 5-9　CCD 结构原理图

图 5-10　三项时针（驱动）脉冲时序波形

（a）$t=t_1$　　　（b）$t=t_2$　　　（c）$t=t_3$　　　（d）$t=t_4$

图 5-11　电荷移位（耦合）过程

3. 电荷注入方式

电荷注入方式分为光注入和电注入。CCD 的光注入方式有 3 钟，分别是正面照射方式、背面照射方式和微孔直接照射方式。电注入就是 CCD 通过输入结构 ID-IG 对输入模拟信号（电压或电流）进行采样，然后将其转换为信号电荷并注入响应势阱（Φ_1）中。

4. 电荷转出方式

CCD 输出电荷信号的方式一般为电流输出。在图 5-9 右端，当 Φ_3 电压由高变低时，信号电荷将通过加恒定电压的输出栅极 OG 下的势阱，进入反向偏置二极管 OD 的 N$^+$ 区中。基底 P 和 N$^+$ 区、外加电源构成一个二极管反向偏置电路。该电路对信号电荷来说是一个很深的势阱，进入反向偏置二极管 OD 的信号电荷（电子）将产生电流 I_d，它的大小与注入信号电荷量 Q 成正比。

（二）CCD 的基本参数

1. 光电转换特性

入射电子能量被硅层吸收，转换成光生电荷并聚集在势阱中。信号电荷 Q_{in} 与光照强度（光子流速率 Δn）成正比，与光敏单元受光面积 A 成正比，有

$$Q_{in} = \eta e \Delta n A t_c \tag{5-5}$$

式中　η——材料的光量子效率；

$\quad\quad$ e——电子电荷量；

$\quad\quad$ Δn——光子流速率；

$\quad\quad$ A——光敏单元受光面积；

$\quad\quad$ t_c——光照时间，即光积分时间，由电荷移位脉冲周期 T 决定。

CCD 光敏单元的结构确定后，受光面积 A 一定，信号电荷 Q_{in} 取决于光子流速率 Δn。由于光子流速率 Δn 与入射光谱辐射通量 $\Phi_{e\lambda}$ 呈线性关系，所以有

$$\Delta n = \frac{\Phi_{e\lambda}}{hv} \tag{5-6}$$

式中　h——普朗克常量；

$\quad\quad$ v——入射角频率。

信号电荷 Q_{in} 为

$$Q_{in} = \frac{\eta e t_c A \Phi_{e\lambda}}{hv} \tag{5-7}$$

由式（5-7）可以看出：信号电荷 Q_{in} 与入射光谱辐射通量 $\Phi_{e\lambda}$ 是线性关系。

2. 开启电压

开启电压是 MOS 场效应管开始产生沟道时所需的栅压。为了使 CCD 有效工作，CCD 表面应始终保持耗尽状态，驱动脉冲信号的低电平应在开启电压之上。栅极上加一正阶跃电压 U_G（2~10 V），低电平 2 V 大于开启电压，可使 CCD 表面始终保持耗尽状态。测量 CCD 开启电压的方法是：将所有栅极（包括输入和输出控制栅极）连接在一起作为一个栅极，将基底（P-Si 基片）接地。影响开启电压的因素有栅极材

料的功函数与硅半导体近带宽之差、SiO_2 氧化层中的固定电荷、SiO_2 氧化层的厚度、硅半导体基底掺杂浓度及晶向。

3. 电荷容量

MOS 光敏单元存储的光生电荷量 Q_s 取决于栅极面积 A_1、驱动脉冲电压 U_G、驱动方式及光敏单元结构等因素。存储的光生电荷量 Q_s 表达式如下。

$$Q_s = C_{ax} U_G A_1 \qquad (5-8)$$

式中：C_{ax}——SiO_2 氧化层单位面积的电容量。

如果 P-Si 的杂质浓度 $N_A = 10^{15}$ cm^{-3}，SiO_2 膜厚为 0.1 μm，栅极面积 $A_1 = 10 \times 20$ μm^2，栅极电压 $U_G = 10$ V，则一个 MOS 光敏单元所能储存的光生电荷量 $Q_s = 0.6$ pC（等效 3.7×10^6 个电子）。CCD 是电荷转移器件，如果不考虑传输损失，则它的输出电流（单位时间转移的电荷量）I_d 为

$$I_d = Q_{sf} = C_{ax} U_G A_1 f \qquad (5-9)$$

式中　f——电荷移位脉冲周期 T 的倒数，即频率；

　　　A_1——栅极面积；

　　　C_{ax}——SiO_2 氧化层单位面积的电容量；

　　　U_G——栅极电压。

4. 电荷转移损失率

电荷转移损失率是 CCD 的一个重要参数，它决定了信号电荷能被传递的次数。电荷转移损失率 ε 定义为每次转移中未被转移的电荷所占的百分比。

5. 工作频率

CCD 必须在驱动脉冲的作用下完成信号电荷的转移和输出。工作频率是指加载于转移栅上的时钟脉冲电压的频率。

（1）工作频率的下限。为了避免热激发少数载流子对注入信号电荷的干扰，注入信号电荷从一个电极转移到另一个电极所用时间 t 必须小于载流子的平均寿命 τ_i，即 $t \leqslant \tau_i$。

（2）工作频率的上限。当工作频率提高时，电荷转移受到电荷从一个电极转移到另一个电极所需的固有时间 t 的限制，即驱动脉冲使电荷从一个电极转移到另一个电极的时间 t 应大于 τ_g，才能保证电荷完全转移。否则，信号电荷跟不上脉动脉冲变化，将降低电荷转移效率 η。

CMOS 成像器件和 CCD 几乎是同时出现的，两种器件采用同样的硅材料制作。它们的光谱响应和量子效率基本相同，光敏单元和电荷储存容量也相近。但是两者的结构和制作工艺方法不同，性能也有很大差别。CMOS 成像器件由光电二极管、MOS 场效应管、MOS 放大器和 MOS 开关电路在同一个芯片上集成而成，用于摄像质量要求不高的场合，如机器人视觉系统。CCD 的驱动电路、接口电路、逻辑电路和 A/D 转换电路必须在器件外设置。相比之下，目前 CCD 具有更好的图像质量和灵活性，占据高端应用领域。

二、触觉传感器

触觉可以直接测量对象和环境的多种特征。通常所说的触觉是广义概念，包括接触觉、压觉、滑动觉、接近觉、冷热觉和力觉等与接触有关的感觉。触觉传感器在感知目标对象的柔软性、硬度、弹性、粗糙度、导热性等表面性能和物理特征时还不能完全模仿人的触觉感受，通常采用不同的传感器来分别实现某种感觉的检测，如触觉、滑动觉、热觉和接近觉等。

最初的触觉传感器功能仅限于测量人工手指与物体接触力的大小，触觉信号为非阵列的输出信号。现在多用触觉阵列传感器来检测接触区域，确定接触截面形状与压力分布，然后处理触觉阵列传感器的输出信号，涉及图像处理、模式识别、人工智能和计算机图形学等多学科知识。

人工手指是实现灵巧操作的重要部分，但人工手指没有柔软的皮肤和皮下组织，没有高效的触觉感受，所以操作起来比人手困难，不能顺从工件形状而进行稳定可靠的操作。增强人工手指的感知能力，使之对物体位置的判断更准确；提高人工手指的柔顺性，使之能顺应物体形状产生较大的变形，从而获得较多的接触信息至关重要。主动触觉是指主动触摸形成感觉，得到触觉信息、人工手臂位置信息、控制过程信息等，从而形成一个较复杂的传感过程。

（一）电流变流体

为了开发实用的具有触觉的柔顺可控人工指端，可采用一种特殊材料——电流变流体作为人工手指的皮下介质，使手指柔顺可控。根据电流变效应，电流变流体（ER 流体或 ERF 流体）在电场的作用下，可由牛顿流体变为具有一定屈服应力的 Bingham 塑性体。这种转变过程可由电场连续控制，响应速度快（10^{-3} s），可满足实时控制要求。

电流变流体的特性可用 Bingham 塑性体基本方程描述，如式（5-10）所示。

$$\tau(E,\ \gamma) = \tau_o(E) + \eta\gamma \tag{5-10}$$

式中 τ——切应力；

τ_o——静态屈服应力；

η——流体黏度；

γ——剪切率；

E——电场强度。

（二）柔顺可控人工指端结构

如图 5-12 所示，柔顺可控人工指端用金属弹性薄板 4 作为弹性元件，用应变片 3 作为敏感元件，两个金属弹性薄片 4 安装在支承座 1 上。当柔顺可控人工手指抓握物体时，触头 7 在盖板 6 的孔中向左滑动，由压头 5 作用在弹性元件 4 上。触头 7 中部有一凸缘，凸缘到盖板 6 的距离为最大量程。当被抓物体体重超过最大量程时，凸缘与盖板 6 接触，将力传到底座 2 上，防止弹性元件损坏。触头 7 右侧为封装电流变流体部分，两层导电橡胶 11 之间用海绵隔开，海绵层填充电流变流体。电流变流体作为柔顺可控人工手指的皮下组织介质，没有通电时，电流变流体电流变体层作保护层用；通电时，电流变流体变成 Bingham 塑性体，借助电流变流体的柔顺可控性实现稳定抓握，防止被抓物体滑落。

图 5-12　柔顺可控人工指端应变式触觉传感器

1—支承座；2—底座；3—应变片；4—金属弹性薄板（不锈钢板）；5—压头；
6—盖板；7—触头；8—橡胶；9—海绵；10—电流变流体；11—导电橡胶

（三）人工皮肤触觉

人工皮肤触觉传感器是集触觉、压觉、滑觉和热觉于一体的多功能传感器，以 PVDF 为敏感材料，模仿人的皮肤，有柔顺的接触表面和对触、滑、热的感知，通过各个触元的输出信号获取有关触觉的信息。

1. 人工皮肤结构

如图 5-13 所示，人工皮肤是一种层状结构。表皮是一层柔软的带有圆锥体小齿的橡胶包封表皮，上、下两层 PVDF 为敏感层，上层 PVDF 薄膜镀整片金属电极，下层 PVDF 膜电极为条状金属膜，通过硅导电橡胶引线接到电极板上。上、下 PVDF 层间加有加热层和柔性隔热层。加热层使橡胶包封表皮保持在适当温度（50~70 ℃），进行恒温控制或恒功率加热，可利用 PVDF 的热释电性来测量被接触物体的导热性能。柔性隔热层将上层 PVDF 的热觉测试及下层 PVDF 的触觉、滑觉和滑移距离测试隔开。加热层是厚度小于 1 mm 的导电橡胶，电阻值为 100~150 Ω，两边用导电胶与金属极粘接固定。电极间加 12 V 电压后，功率在 1 W 左右，环境温度为 20 ℃时，橡胶包封表皮温度为 52 ℃（热动态平衡）。当人工皮肤接触物体后，发生热传导，橡胶包封表皮温度下降。上层 PVDF 有触压和热觉的混合输出信号，且当物体滑动时可检测滑动。根据条状电极的输出信号特征和触压区域的转移，可得物体的滑移距离。根据上层 PVDF 输出信号的综合处理，可区分热觉和触觉信号。

图 5-13　人工皮肤结构剖面图

2. 信号检测

将 PVDF 的微单元看作一个电容器，设作用应力为垂直方向的 σ_3，则电容器的生成电荷密度为 $q = d_{33}\sigma_3$（d_{33} 为压电系数），设应力 σ_3 作用在面积为 A 的 PVDF 薄膜上产生的变化是均匀变化，则放电电荷量 $Q(t)$

$$Q(t) = A d_{33} \sigma_3(t) \tag{5-11}$$

若将电容器接一个输入阻抗为 R_λ 的电荷放大器（电容器 C 与输入阻抗 R_λ 串联），则输入阻抗上有漏电流 i，为

$$i = \frac{Q(t)}{R_\lambda C} \tag{5-12}$$

考虑漏电流的影响，电容量对电荷放大器的输入电压为

$$U(t) = U_o(t) e^{-\frac{t}{R_\lambda C}} \tag{5-13}$$

式中　$U_o(t)$——电容量输出电压；

　　　$R_\lambda C$——时间常数。

为改善对信号输出的影响，需要增大电荷放大器的输入阻抗 R_λ，阻止电荷泄漏。

3. 信号提取

当人工皮肤表面触压物体时，上层 PVDF 产生触觉和热觉混合信号。一般地，将这一混合信号分解成触觉信号和热觉信号。触觉信号的响应和衰减均较快，而热觉信号为缓变低频信号。

三、接近觉传感器

接近觉传感器用以感知敏感元件与物体之间的接近程度，目的是使机器人在移动和操作过程中获知与目标的接近程度，以避开障碍，并避免抓取物体时由于接近速度过快而造成冲击碰撞。大多数情况下，只要求接近觉传感器给出简单的阈值判断，即接近与否。用于特殊用途时要求接近觉传感器提供远、中、近等分档距离。接近觉传感器用于避开障碍的感觉距离从几米到几十米，而抓取物体时为实现柔性接触（无冲击），感觉距离为几毫米甚至 1 mm 以下。接近觉传感器按工作原理可分为感应式接近觉传感器、霍尔式接近觉传感器、电容式接近觉传感器和光接近觉传感器。

与上述四种接近觉传感器相比，超声波接近觉传感器对材料的依赖性小，可测非金属和绝缘材料的接近觉，精确度也较高。

树脂封头用来做声阻抗匹配，并保护陶瓷传感器不受潮湿、灰尘及其他环境因素的影响（空气中水分含量及灰尘颗粒对超声波传播能量的损耗影响很大）。该结构为超声发射和接收兼用型。如果与被测物体距离很近，则需要声能很快衰减。用声吸收器与金属壳体耦合可以实现声能很快衰减。壳体设计应能形成一束狭窄的声束，以实现有效能量和信号的定向传递。

超能转换器是超声波接近觉传感器的敏感元件，常采用基于压电效应的换能器和基于磁致伸缩效应的换能器。发射探头利用压电陶瓷晶片的逆压电效应将高频电振动转换成高频机械振动，振动频率在超音频范围内即会产生超声波。接收探头利用正压电效应将接收到的超声振动转换成电信号。基于磁致伸缩效应的换能器根据铁磁物质在交变磁场的作用下沿磁场方向使敏感元件产生伸缩振动实现超声波发射。接收超声波时，铁磁物质产生伸缩振动，使绕组中磁通量变化，输出感应电势。

第四节　设备健康监测常用传感器及检测技术

随着机电一体化系统向智能化方向发展，运行状态的健康监测成为系统设计时不可忽视的内容。将健康监测系统作为机电一体化系统的重要组成部分，使所设计的机电一体化系统具有自监测、自诊断和自治愈的功能，是新一代智能机电一体化系统的要求。健康监测技术需要在系统中安装能够反映系统运行状态的外部传感器，进而通过信息处理技术提取信号特征，将其与系统中机械零部件的故障相关联，以实现系统健康状态的诊断、评价和预测。

一、常用的振动传感器

机电一体化系统的机械部分主要由电动机、轴承和齿轮等关键零部件组成，这些关键零部件在正常运行和处于异常（故障）状态下时会激发转轴或壳体的振动，根据振动信息可以实现系统状态的实时监测。常用的振动传感器主要有压电式加速度传感器、磁电式速度传感器和电涡流位移传感器。

（一）压电式加速度传感器

压电式加速度传感器是基于压电效应工作的，主要用于测量机械壳体的振动。某些晶体在一定方向上受力变形时，其内部会产生极化现象，同时在它的两个表面上产生符号相反的电荷；当外力去除后，它又重新恢复到不带电状态，这种现象称为压电效应。具有压电效应的晶体称为压电晶体。常用的压电晶体有石英、压电陶瓷等。

图 5-14 所示是压电式加速度传感器的结构与实物图。测量时，将传感器壳体与被测机械刚性连接，当被测机械具有加速度 α 时，传感器外壳与被测机械同时以此加速度值振动，此时内部质量块产生一个与被测加速度方向相反的惯性力，大小为 ma，此力作用在压电片上，使之产生变形，压电片表面产生电荷。电荷量与所受惯性力成

正比，即与相应的加速度成正比。常用的压电式加速度传感器的结构形式有中央安装压缩型、三角剪切型和环形剪切型。中央安装压缩型是将压电元件–质量块–弹簧系统装在圆形中心支柱上，将支柱与基座连接。这种结构具有高的共振频率，然而基座与被测对象连接时，如果基座有变形，则将直接影响传感器的输出。此外，被测对象和环境温度变化会影响压电元件，并使预紧力发生变化，易引起温度漂移。三角剪切型是将压电元件用夹持环夹牢在三角形中心支柱上，传感器感受轴向振动时压电元件承受的切应力。这种结构对底座变形和温度变化具有极好的隔离作用，有较高的共振频率和良好的线性。环形剪切型结构简单，能做成极小、高共振频率的加速度传感器，环形质量块粘到装在中心支柱上的环形压电元件上。由于黏结剂会随温度增高而变软，因此采用这种结构的压电式加速度传感器的最高工作温度受限。

图 5-14　压电式加速度传感器的结构与实物图

压电式加速度传感器属发电型传感器，可将其看作电压源或电荷源，故它的灵敏度有电压灵敏度和电荷灵敏度两种。前者是压电式加速度传感器输出电压与所承受加速度之比，后者是压电式加速度传感器输出电荷与所承受加速度之比。加速度的单位为 m/s，但在振动测量中往往用标准重力加速度 g 作单位，1 g=9.806 65 m/s^2。对给定的压电材料而言，压电式加速度传感器的灵敏度随质量块增大或压电元件增多而提高。一般来说，压电式加速度传感器尺寸越大，固有频率越低。因此，选用压电式加速度传感器时应权衡灵敏度和结构尺寸、附加质量的影响和频率响应特性之间的利弊。压电式加速度传感器的横向灵敏度表示它对横向（垂直于加速度计轴线）振动的敏感程度，横向灵敏度常以主灵敏度即压电式加速度传感器的电压灵敏度或电荷灵敏度的百分比表示。一般在压电式加速度传感器的壳体上用小红点标出最小横向灵敏度方向。一个优良的压电式加速度传感器的横向灵敏度应小于主灵敏度的 3%。因此，压电式加速度传感器具有方向性。

压电元件受力后产生的电荷极其微弱，电荷使压电元件边界和接在边界上的导体充电到电压 $U=q/C_a$（C_a 是压电式加速度传感器的内电容）。测定如此微弱的电荷或电压的关键是防止导线、测量电路和压电式加速度传感器本身的电荷泄漏。压电式加速度传感器所用前置放大器应具有极高的输入阻抗，把泄漏减少到测量准确度所要求的限度内。压电式加速度传感器的前置放大器有电压放大器和电荷放大器。电压放器是高输入阻抗的比例放大器，电路较简单，但输出受连接电缆对地电容的影响，适用于一般振动测量。电荷放大器以电容作负反馈，基本不受电缆电容的影响。从压电式加速度传感器的力学模型看，压电式加速度传感器具有"低通"特性，理念上可测量极低频的振动。但实际上，由于低频尤其小振幅振动时加速度值小，压电式加速度传感器的灵敏度有限，输出信号很微弱，信噪比很低。另外，电荷的泄漏、积分电路（用于测振动速度和位移）的漂移、器件的噪声都不可避免，所以实际低频振动测量时压电式加速度传感器也出现"截止频率"，为 0.1~1 Hz。

压电式加速度传感器的安装方式如图 5-15 所示。其中，采用钢螺栓固定是使共振频率达到出厂共振频率的最好方法。钢螺栓不能全部拧入基座螺孔，以免引起基座变形，影响压电式加速度传感器的输出。在安装面上涂一层硅脂可增加不平整安装表面的连接可靠性。需要绝缘时，可用绝缘螺栓和云母垫圈固定压电式加速度传感器，但垫圈应尽量薄。用一层薄蜡把压电式加速度传感器粘在试件平整表面上，也可用于低温（40 ℃以下）场合。手持探针的测振方法在多点测试时特别方便，但测量误差较大，重复性差，使用上限频率一般不高于 1 000 Hz。用永久磁铁固定压电式加速度传感器的方法使用方便，多在低频测量中使用。此法也可使压电式加速度传感器与试件绝缘。用硬性黏结螺栓或黏结剂固定的方法在连续长时间监测时常常使用。某种典型的压电式加速度传感器采用各种固定方法的共振频率分别为：钢螺栓固定法，31 kHz；绝缘螺栓和云母垫圈固定法，28 kHz；涂薄蜡层法，29 kHz；手持探针法，2 kHz；永久磁铁固定法，7 kHz。

图 5-15　压电式加速度传感器的安装方式

（二）磁电式速度传感器

磁电式速度传感器是另一种较常用的壳体振动测量传感器。磁电式速度传感器也称电动式或感应式速度传感器，利用电磁感应原理，将输入的运动速度转换成线圈中的感应电势输出。它直接将被测物体的机械能量转换成电信号输出，不需要外加电源，是典型的无源传感器，适合进行动态测量。由于输出功率较大，磁电式速度传感器一般不需要高增益放大器，大大简化了配用的二次仪表电路。由于磁电式速度传感器是速度传感器，若要获取被测位移或加速度信号，需要配用积分或微分电路。

常用的磁电式速度传感器主要有动铁式和动圈式两种。图5-16所示是动圈式速度传感器。它的外部是一钢制圆形外壳，内部用铝支架将圆柱形永久磁铁与外壳固定在一起。永久磁铁中间有一小孔，芯轴穿过小孔，两端架起线圈和阻尼环，并通过圆形弹簧膜片支承架空且与外壳相连。工作时，传感器与被测物体固定在一起，当被测物体振动时，传感器外壳和永久磁铁随之振动，架空的芯轴、线圈和阻尼环因惯性作用而不随之振动。永久磁铁与线圈之间作相对运动，切割磁力线而产生与振动速度成正比的感应电动势。

图5-16　动圈式速度传感器

1—芯轴；2—外壳；3—弹簧膜片；4—铝支架；5—永久磁铁；

6—线圈；7—阻尼环；8—引线

磁电式速度传感器是典型的集中参数 m、k、c 的二阶系统，是惯性（绝对）式测振传感器，要求选择较大的质量块 m 和较小的弹簧常数 k。它不需要静止的基座作参考基准，可直接安装在振动壳体上进行测量，在地面及机载振动测量中获得了广泛应用。

（三）电涡流位移传感器

电涡流位移传感器可以准确测量被测物体（必须是金属导体）与探头端面的相对位置，具有长期工作可靠性好、灵敏度高、抗干扰能力强、非接触测量、响应速度快、不受油水等介质的影响等特点，常被用于对大型旋转机械的轴位移、轴振动、轴转速等参数进行长期实时监测，以分析出设备的工作状况和故障原因，有效地对设备进行保护及进行预测性维修。从转子动力学、轴承学的理论角度分析，大型旋转机械的运行状态主要取决于其核心转轴，而电涡流位移传感器能直接测量转轴的各种运行状态，且测量结果可靠、可信。典型的电涡流位移传感器系统主要包括前置器、延伸电缆、探头和附件，如图5-17所示。

电涡流位移传感器的工作原理是涡流效应，如图5-18所示。

图 5-17　电涡流位移传感器系统的组成示意图

（a）工作原理　　　　　　　　　（b）信号传导过程

图 5-18　电涡流位称传感器的工作原理

当接通传感器电源时，传感器的前置器内会产生一个高频电流信号。该信号通过电缆被送到探头头部，在探头头部周围产生交变磁场 H_1。如果在交变磁场 H_1 的范围内没有金属导体接近，则发射到这一范围内的能量会全部被释放；反之，如果有金属导体接近探头头部，则交变磁场 H_1 将在金属导体表面产生电涡流场。该电涡流场也会产生一个方向与 H_1 相反的交变磁场 H_2。H_2 的反作用改变探头头部线圈高频电流的幅值和相位，即改变线圈的有效阻抗。这种变化既与电涡流效应有关，又与静磁学效应有关，即与金属导体的电导率、磁导率、几何形状、线圈几何参数、激励电流频率以及线圈至金属导体的距离等参数有关。假定金属导体是均质的，它的性能是线性和各向同性的，则线圈与金属导体系统的物理性质通常可由金属导体的磁导率 μ、电导率 σ、尺寸因子 r（线圈绕组半径＝铁芯半径）、线圈至金属导体的距离 δ、线圈激励电流强度 i 和频率 ω 等参数来描述。因此，线圈的阻抗可用函数 $Z = F (\mu, \sigma, r, \delta, i, \omega)$ 表示。

如果控制 μ，σ，r，δ，i，ω 恒定不变，那么线圈的阻抗 Z 就成为线圈至金属导体的距离 δ 的单值函数，由麦克斯韦方程可求得此函数为一非线性函数，其曲线为"S"形曲线，在一定范围内可近似为一线性函数。实际应用中，常将线圈密封在探头中，线圈阻抗的变化通过封装在前置器中的电子线路的处理转换成电压或电流输出。这个电子线路并不是直接测量线圈的阻抗，而是采用并联谐振法，如图 5-18（b）所示，在前置器中将一个固定电容 $C_0 = \dfrac{C_1 C_2}{C_1 + C_2}$ 和探头线圈（L_x）并联，与晶体管 T 一起构成一个振荡器，振荡器的振荡幅值 U_x 与线圈阻抗成比例，因此振荡器的振荡幅值 U_x 会随探头与被测间距 δ 改变。

二、常用的温度传感器

与振动信号属于快变信号不同，温度或温升的变化相对缓慢，因此通常只能反映系统的中、后期故障或早期严重故障。常用的温度传感器主要有热电阻温度传感器、热电偶温度传感器和红外热像仪。

（一）热电阻温度传感器

温度是表征物体冷热程度的物理量，可以通过物体随温度变化的某些特性（如电阻、电压变化）来间接测量温度。金属铂 Pt 的电阻值随温度变化而变化，且具有很好的重现性和稳定性，利用此特性制成的传感器称为铂电阻温度传感器。常用铂电阻温度传感器的特点是：零度阻值一般为 100 Ω，电阻变化率一般为 0.385 1 Ω/℃，精度高；在 400 ℃时持续 300 小时，0 ℃的最大温度漂移为 0.02 ℃，稳定性好；应用范围广，是中低温区（−200~650 ℃）最常用的一种温度测量器件。

热电阻温度传感器有两种常用的接线方式，即两线制和三线制，如图 5-19 所示。对于两线制，电阻变化值与连接导线电阻值共同构成传感器的输出值。由于导线电阻带来的附加误差使实际测量值偏高，两线制接法用于测量精度要求不高的场合，且导线长度不宜过长。对于三线制，要求引出的三根导线截面积和长度相同，铂电阻的测量电路一般是不平衡电桥，铂电阻作为电桥的一个桥臂电阻，将一根导线接到电桥电源端，将其余两根导线分别接到铂电阻所在桥臂及与其相邻的桥臂上，当桥路平衡时，通过计算可知导线电阻的变化对测量结果没有任何影响，这样就消除了导线电阻带来的测量误差。工业上一般都采用三线制接法。

图 5-19　热电阻温度传感器的接线方式

（二）热电偶温度传感器

热电偶温度传感器测温的基本原理是用两种不同材质的导体组成闭合回路，当两端存在温度梯度时，回路中就会有电流通过，此时两端之间存在电动势热电动势，这就是所谓的塞贝克效应。两种不同成分的均质导体为热电极，温度较高的一端为工作端，温度较低的一端为自由端，自由端通常处于某个恒定温度下。根据热电动势与温度的函数关系，制成热电偶分度表。热电偶分度表是在自由端温度为0℃时得到的，不同的热电偶有不同的分度表。

在热电偶回路中接入第三种金属材料时，只要该材料两个接点温度相同，热电偶所产生的热电动势将保持不变，即不受第三种金属接入回路中的影响。因此，在热电偶测温时，可接入测量仪表，测得热电动势后，即可知道被测介质的温度。热电偶测量温度时要求冷端（测量端为热端，通过引线与测量电路连接的一端称为冷端）温度保持不变，这样热电动势大小才与测量温度成一定比例关系。测量时冷端（环境）温度变化，将严重影响测量的准确性。在冷端采取一定的措施补偿由于冷端温度变化造成的影响称为热电偶的冷端补偿。热电偶冷端补偿的计算方法有两种。一种是从毫伏到温度：测量冷端温度，将其换算为对应毫伏值并与热电偶毫伏值相加，换算出温度。另一种是从温度到毫伏：测量实际温度与冷端温度，将它们换算为毫伏值，相减得出毫伏值，即得温度。

热电偶温度传感器测温的优点是：测温范围宽，性能较稳定；测量精度高，与被测对象直接接触，不受中间介质的影响；热响应时间快，对温度变化敏感；测量范围大，从−40~+1 600 ℃均可连续测温；性能可靠，机械强度好；使用寿命长。

利用热电偶温度传感器进行测温时，为了保证其可靠、稳定地工作，对其结构提出以下要求：组成热电偶的两个热电极的焊接必须牢固；两个热电极之间应很好地绝缘，以防短路；补偿导线与热电偶自由端的连接应方便可靠；保护套管应能保证热电极与有害介质充分隔离。

（三）红外热像仪

1. 概述

红外热像仪利用红外探测器和光学成像物镜接收被测物体的红外辐射能量，并将它反映到红外探测器光敏元件上，获得红外热像图。红外热像仪将物体发出的不可见红外能量转变为可见的热图像，热图像的颜色代表被测物体的温度。

红外热像仪由红外镜头、红外探测器、中间电子组件、显示组件和软件五大部分组成。红外镜头用于接收和汇聚被测物体发射的红外辐射能量。红外探测器用于将热辐射信号变成电信号。中间电子组件和显示组件用于对电信号进行处理以及将电信号转变成可见光图像。软件用于处理采集到的温度数据，将其转换成温度读数和图像。

2. 选用注意事项

针对机电设备选用红外热像仪时，应注意以下方面。

(1) 根据实际温度，可选择高温至 250 ℃、350 ℃、600 ℃的红外热像仪。

(2) 考虑到部分设备可能在室外工作，低温量程一般要求达到−20 ℃。

(3) 对于一般机械、机电设备，红外热像仪像素为 160×120，并选用标准镜头。

(4) 对于远距离、小目标测量（如高空管道检测），建议选配长焦镜头。

(5) 对于近距离、大目标（如加热炉整体温度分布）测量，建议选配广角镜头。

(6) 对于部分需要密封的设备温度测量，如密闭加热炉内温度测量，建议加装红外窗口组件。

3. 具体指标的确定

在确定了大体方案的基础上，可以根据以下三个方面确定具体指标。

(1) 红外热像仪的检测距离＝被测目标尺寸÷IFOV，所以空间分辨力（IFOV）越小，可以测得越远。例如，输电线路的线夹尺寸一般为 50 mm，若用 Fluke Ti25 红外热像仪，IFOV 为 2.5 mrad，则最远检测距离为（50÷2.5）m＝20 m。IFOV 是在单位测量距离下，红外热像仪每个像素能检测的最小目标（面积），是由像素和所选镜头角度决定的综合性能参数，是红外热像仪处理空间细节能力的技术指标。单位距离相同时，IFOV 越小，单个像素所能检测的面积越小。单位测量面积由更多的像素所组成，图像呈现的细节越多，成像越清晰。

(2) 红外热像仪的最小检测目标尺寸＝IFOV×最小聚焦距离，所以 IFOV 越小，最小聚焦距离越小，可检测到的目标越小。

(3) 红外热像仪的热灵敏度决定红外热像仪区分细微温差的能力，最小检测尺寸决定红外热像仪捕捉细小尺寸的能力。

三、其他常用的状态监测传感器

（一）声发射传感器

在受到外荷载的作用时，材料内部储存的应变能快速释放并产生弹性波，从而发生声响，称为声发射（acoustic emission，简称 AE），有时也称为应力波发射。直接与机械结构变形和断裂机制有关的波源，称为声发射源。流体泄漏、摩擦、撞击、燃烧等与变形和断裂机制无直接关系的弹性波源，称为其他或二次声发射源。各种材料声发射信号的频率范围很宽；声发射信号幅值的变化范围也很大。大多数材料变形和断裂时有声发射发生，但许多材料的声发射信号强度很弱，需要借助灵敏的电子仪器才能检测出来。用仪器探测、记录、分析声发射信号和利用声发射信号推断声发射源的技术称为声发射技术。人们将声发射仪器形象地称为材料的听诊器。

声发射检测方法在许多方面不同于其他常规检测方法，它的优点主要表现在以下几个方面。

(1) 声发射检测方法是一种被动的动态检测方法，声发射探测到的能量来自被测物体本身，不像超声或射线检测方法那样由无损检测仪器提供。

(2) 声发射检测方法对线性缺陷较敏感，能探测到在外加结构应力下缺陷的活动情况，稳定的缺陷不产生声发射信号。

（3）在一次试验过程中，声发射能整体探测和评价整个结构中缺陷的状态。

（4）声发射检测方法可提供缺陷随载荷、时间、温度等外变量变化的实时或连续信息，适用于工业过程在线监控及早期或临近破坏预报。

（5）声发射检测方法对被测物体的接近要求不高，适用于其他常规检测方法难以或不能接近环境下的检测，如高低温、核辐射、易燃、易爆及极毒等环境。

（6）对在役压力容器定期进行检验，声发射检测方法可缩短检验的停产时间或不需要停产；对压力容器耐压进行试验，声发射检测方法可预防由未知不连续缺陷引起的系统的灾难性失效和限定系统的最高工作压力。

（7）声发射检测方法对构件几何形状不敏感，适用于检测其他常规检测方法受限的形状复杂构件。

（二）声音传感器和声级计

声音传感器（传声器）是一种可以检测、测量并显示声音波形的传感器，相当于话筒（麦克风），用于接收声波，显示声音的振动图像。声音传感器内置一个对声音敏感的电容式驻极体，声波使驻极体薄膜振动，引起电容变化，从而产生与之对应变化的微小电压，该电压被放大后经过 A/D 转换被传送至计算机。BR-ZS1 声音传感器是一款工业标准输出（4~20 mA）的积分噪声监测仪，支持现场噪声分贝值实时显示，兼容用户监控系统，可对噪声进行定点全天候监测，可设置报警极限实现对环境噪声超标报警，精度高、通用性强、性价比高。普通声音传感器不能对噪声强度进行测量，噪声强度测量采用声级计。

声级计一般由电容式声音传感器、前置放大器、衰减器、放大器、频率计权网络以及有效值指示表头等组成。声级计的工作原理是：由电容式声音传感器将声音转换成电信号，再由前置放大器变换阻抗，使电容式声音传感器与衰减器匹配。放大器将输出信号加到频率计权网络，对信号进行频率计权（或外接滤波器），然后经衰减器及放大器将信号放大到一定幅值，送到有效值检波器（或外接电平记录仪），在指示表头上给出噪声声级的数值。声级计频率计权网络有 A、B、C 三种标准计权网络。A 网络是模拟人耳对等响曲线中 40 方纯音的响应，它的曲线形状与 340 方的等响曲线相反，从而使电信号中、低频段有较大的衰减。B 网络是模拟人耳对等响曲线中 70 方纯音的响应，它使电信号低频段有一定衰减。C 网络是模拟人耳对等响曲线中 100 方纯音的响应，在整个声频范围内有近乎平直的响应。声级计经频率计权网络测得的声压级称为声级。根据所用频率计权网络不同，声级分为 A 声级、B 声级和 C 声级，单位分别记作 dB（A）、dB（B）和 dB（C）。

声级计广泛用于工业噪声测量和环境噪声测量中。使用声级计时，要离开地面、离开墙壁，以减少地面和墙壁的反射声的附加影响；应保持电容式声音传感器膜片清洁；风力在三级以上需加风罩，以避免风噪声的干扰。

（三）在线油液传感器

电容型在线油液传感器将机电设备的油液作为一种电介质，由于新油和在用油的介电常数不同，当油质变化时就会引起传感器电容量的变化，通过 C/V 转换把这一微弱变化的频率值解调为直流电信号，直流电信号经前级数据采集电路采样放大、A/D 转换，被送至后处理系统。后处理系统根据检测数据，分析计算得到判定油质污染程度的上、下门限标值，经程序智能分析处理后，显示器报告定量（污染指数值）和定性（良好、可用、报废）的检测结果。

第五节　智能传感器及相关技术

智能传感器是 20 世纪 80 年代由美国国家航空航天局首次提出的，目前尚无标准定义，常把能够与外部系统双向通信，可发送测量、状态信息并接受和处理外部命令的传感器称为智能传感器。智能传感器继承了传统传感器、智能仪表的全部功能及部分控制功能，实际上是将传感技术、计算技术和现代通信技术相互融合形成一个系统，改变了传统传感器的设计理念、生产方式和应用模式，使传感器技术向虚拟化、网络化和信息融合方向发展。

一、智能传感器的构成

智能传感器由数据采集模块、数据处理模块、无线通信模块和供电电源模块四个部分组成。

传统意义上的传感器在智能传感器中仅占很小的一部分，信号处理电路、数据微处理器、通信协议和接口在智能传感器中占主要部分。与传统传感器不同，智能传感器将传感器使用中涉及的所有问题都包括其中，如灵敏度、零漂、标定等。数据微处理器是智能传感器的核心，包括数据采集模块、数据交换模块、控制模块、D/A 转换模块和接口模块，不但能对传感器测量数据进行计算、存储、处理，还可通过反馈回路对传感器进行调节，实现对传感器的各种补偿。数据微处理器充分发挥各种软件功能，可以完成硬件难以完成的任务，并保证测量结果的正确性和高精度。

二、智能传感器的功能

智能传感器的功能主要表现在以下四个方面。

首先，具有数据处理功能，包括改善静态特性和提高静态测量精度的自校正、自校零、自校准功能，提高系统响应速度、改善动态特性的智能化频率自补偿功能，抑制交叉敏感、提高系统稳定性的多信息融合功能。

其次，具有自诊断功能，包括自检测、自诊断、自寻故障、自恢复功能和判断、决策、自动量程切换与控制功能。

再次，具有自我识别和运算处理功能，包括从噪声中辨识微弱信号与消噪及数字滤波功能，多维空间的图像辨识与模式识别功能，数据自动采集、存储、记忆和信息处理功能。

最后，具有数字通信功能，可实现双向通信、标准化数字输出，以及拟人类语言符号输出。

三、智能传感器的特点

智能传感器的特点主要有高精度、高可靠性、高信噪比、高自适应性和高性价比。

（一）高精度

智能传感器通过自校零去除零点误差，与标准参考基准实时对比以自动进行整体系统标定，自动进行整体非线性系统误差校正，通过对采集的大量数据进行统计处理，以消除偶然误差的影响。

（二）高可靠性

智能传感器能自动补偿因工作条件与环境参数发生变化引起的系统特性的漂移，如温度变化引起的零点和灵敏度漂移。被测参数变化后，智能传感器能自动改换量程。智能传感器能实时自动进行系统自检，分析、判断数据的合理性，并做出异常情况下的应急处理（报警或故障提示）。

（三）高信噪比

智能传感器通过软件进行数字滤波、相关分析等，去除输入数据中的噪声，将有用信号提取出来。智能传感器通过数据融合、神经网络技术，可消除多参数状态下交叉灵敏度的影响，保证对特定参数的分辨能力。

（四）高自适应性

智能传感器能根据系统工作情况决策各部分供电情况、与上位计算机的数据传输速率等，使系统工作在最优低功耗状态，并具有最优数据传输速率。

（五）高性价比

智能传感器通过微处理器与计算机相结合，采用能大规模生产的集成电路工艺与MEMS 工艺以及强大的软件功能，因而具有高性价比。

四、智能传感器的实现

智能传感器在硬件基础上通过软件实现价值，智能化程度与软件开发水平正相关。基于计算机通过软件开发的虚拟传感器应用前景广阔，软件开发工具主要有LabVIEW、ActiveX 等。智能传感器需要进行可靠性设计、电磁兼容设计、功能安全设计、低功耗设计和结构设计等。智能传感器通常由电池（碱性电池、锂电池、镍氢电池、铅酸电池等）供电，采用 FIFO（先入先出）算法，具有很大的节电潜力，配置自动唤醒/休眠模式，可以降低功耗，还可采用"无线自供电源"替代电池来解决低功耗问题，如太阳能、风能、射频能、振动能，其中振动能可通过压电、磁电等转换原理实现智能传感器自供能。

在实现途径上，智能传感器利用集成电路技术和微机电系统技术将敏感元件、信号处理器、微处理器等模块集成在一块硅片上，经封装后制备而成。智能传感器有三条实现途径，即非集成化工艺、集成化工艺和混合工艺。非集成化工艺是将传统传感器（仅具有获取信号功能）、信号调理电路和带数字总线接口的微处理器封装成一体而构成智能传感器。集成化工艺建立在大规模集成电路技术和现代传感技术特别是MEMS技术基础上，关键在于能否实现 IC 工艺和 MEMS 工艺相融合。混合工艺是将智能传感器的各个子系统以不同的组合方式集成在两块或三块芯片上，并封装在同一壳体内，实现集成制造。非集成化工艺是最经济、最快捷的实现途径；集成化工艺可以实现微型化、结构一体化、高精度、多功能、阵列结构、全数字化等；混合工艺在技术上较容易实现，组合灵活，成品率较高，但子系统间匹配不当会引起性能下降，体积较大，封装结构复杂等。采用何种途径制作智能传感器，取决于制备工艺和工艺装备的水平，以及技术难度、性能和成本等方面的要求。

第六节　无线传感器网络技术

一、无线传感器网络的概念

物联网是新一代信息技术的重要组成部分，是支撑"工业 4.0"和"中国制造2025"的基础性新兴技术。无线传感器网络（wireless sensor network，WSN）是物联网的重要组成部分，是物联网的"神经末梢"。无线传感器网络是由部署在监测区域内的大量的廉价微型传感器通过无线通信方式形成的一个多跳的自组织的网络系统，旨在协作感知、采集和处理网络覆盖区域中被感知对象的信息，并经过无线网络发送给监测者。

无线传感器网络是一种分布式感知网络，网络中的传感器通过无线方式通信。无线传感器网络系统通常包括传感器节点、汇聚节点和管理节点，大量的传感器节点随机布置在检测区域，无须人员值守，节点之间通过自组织方式构成无线网络，以协作方式感知、采集和处理网络覆盖区域中特定的信息，可实现对任意地点的信息在任意时间的采集、处理和分析。监测的数据沿着其他传感器节点通过多跳中继方式传回汇聚节点，最后借助汇聚链路将整个区域内的数据传送到远程控制中心进行集中处理。用户通过管理节点对无线传感器网络进行配置和管理，发布监测任务以及收集监测数据。

二、无线传感器网络的特点

常见的无线网络主要有移动通信网、无线局域网、蓝牙网络、Ad Hoc 网络等。与这些网络相比，无线传感器网络具有以下特点。

1. 硬件资源有限

由于受价格、体积和功耗的限制，节点在计算能力、程序空间和内存空间等方面比普通计算机弱很多，这决定了在节点操作系统设计中，协议层次不能太复杂。

2. 电源容量有限

节点常由电池供电，电池容量一般不大，在有些特殊应用领域，不允许中间给电池充电或更换电池，因此在网络设计中任何技术和协议均要以节能为前提。

3. 无中心

网络中没有严格的控制中心，所有节点地位平等，无线传感器网络是一个对等式网络。节点可以加入或离开，任何节点故障不会影响整个网络的运行，具有很强的抗毁性。

4. 自组织

网络布设和展开无须依赖任何预设的网络设施，节点通过分层协议和分布式算法协调各自的行为，节点在开机后即可快速、自动地组成一个独立网络。

5. 多跳路由

网络中节点通信距离有限，一般在几百米范围内，节点只能与其邻居直接通信。如果需要与射频覆盖范围外的节点通信，则需要通过中间节点进行路由，多路路由由普通网络节点完成，无须专门的路由设备。因此，每个节点既可是信息发起者，也可是信息转发者。

6. 动态拓扑

无线传感器网络是一个动态网络，节点可以随处移动，一个节点可能因为电量耗尽或故障而退出无线传感器网络，一个网络也可能因为工作需要而加入无线传感器网络，这都会使无线传感器网络拓扑结构随时发生变化，因此无线传感器网络具有动态拓扑组织功能。

三、无线传感器网络的关键技术

无线传感器网络的关键技术主要有以下几种。

1. 网络拓扑控制

通过拓扑控制自动生成良好的网络拓扑结构，能够提高路由协议和 MAC 协议的效率，可为数据融合、时间同步和目标定位等奠定基础，有利于节省节点能量，延长网络生存期。

2. 网络协议

网络协议负责使各个独立节点形成一个多跳的数据传输网络。网络层路由协议决定监测信息的传输路径。数据链路层的介质访问控制用来构建底层的基础结构，控制节点的通信过程和工作模式。

3. 时间同步

NTP（network time protocol）是 Internet 上广泛使用的网络时间协议，但只适用于结构相对稳定、链路很少失败的有线网络系统。GPS（global positioning system）能以纳秒级精度与世界标准时间 UTC 保持同步，但需要配置固定的高成本的接收机。另外，在室内、森林或水下等有掩体的环境中无法使用 GPS。因此，NTP 和 GPS 均不适用于无线传感器网络，时间同步机制还在研究中。

4. 定位技术

确定事件发生位置或采集数据节点位置是无线传感器网络最基本的功能之一，随机布置的传感器节点必须能在布置后确定自身位置。由于节点资源有限、随机部署、通信易受干扰甚至节点失效，因此定位机制必须满足自组织性、健壮性、能量高效、分布式计算要求。

5. 数据管理

减少传输的数据量能够有效节省能量，因此在从节点收集数据的过程中，可利用节点的本地计算和存储能力处理数据的融合，去除冗余信息，达到节省能量的目的。由于节点的易失效性，无线传感器网络也需要利用数据融合技术对多份数据进行综合，提高信息的准确度。

6. 网络安全

无线传感器网络不仅要进行数据传输，还要进行数据采集和融合、任务的协同控制等。如何保证任务执行的机密性、数据产生的可靠性、数据融合的高效性以及数据传输的安全性是无线传感器网络安全需要全面考虑的内容。

四、远程监测无线传感器网络的系统架构

健康监测系统是现代智能机电一体化系统的重要保障，越来越多的机电一体化系统都具备健康在线监测的功能。利用同构网络实现机电一体化系统的远程监测，就形成一种典型的无线传感器网络。它由传感器节点、汇聚节点、服务器端的 PC 和客户端的 PC 四大硬件环节组成。

传感器节点布置在监测区域，通过自组织方式构成无线网络，节点监测数据沿着其他节点逐跳进行无线传输，经过多跳后到达汇聚节点。汇聚节点是一个网络协调器，负责无线网络的组建，将传感器节点无线传输进来的信息与数据通过 SCI（serial communication interface，串行通信接口）传送至服务器端的 PC。

五、无线传感器网络节点的实现

一个无线传感器网络节点的实现包括硬件和软件两个部分。硬件由信号调理电路、A/D 转换器、微处理器及其外围电路、射频电路、电源及其管理电路组成。软件由操作系统和协议实现。与常规传感器相比，无线传感器主要增加了射频电路和软件协议。

无线传感器网络节点的微处理器可选用 Motorola 的 68 HC 16 系列处理器、基于 ARM 的嵌入式处理器、Atmel 的 AVR 系列处理器、TI 的 MSP 430 超低功耗系列处理器等。射频电路常用的频段为 315~916 MHz、2.4 GHz 及 5.8 GHz。软件包括节点上运行的系统软件和采集控制等应用软件以及网络协议。网络协议分为基础层、网络层、数据管理与处理层、应用开发环境层和应用层，应用层协议主要有 Zig Bee 协议、蓝牙协议、IEEE 802.11 协议等。其中，Zig Bee 协议有效降低了无线传感器网络的功耗，协议安全性、容错性较好，适合节点较多的网络。在操作系统方面，主要有 Tiny OS、μ/Cos 和 μCLinux 几种。Tiny OS 是一种利用 nes C 语言开发的开源的嵌入式操作系统。选用操作系统时，需要综合对比其性能。降低网络功耗是无线传感器网络设计非常重要的任务。降低网络功耗常用的方法有：将不需要的硬件暂时置于休眠状态；充分利用掉电模式；用查表替代指数、浮点乘除等复杂运算；多用寄存器变量和内部 cache，减少外存访问次数，及时响应中断。

六、无线传感器网络与 Internet 的互联

无线传感器网络与 Internet 的互联尚不成熟，目前有同构网络和异构网络两种解决方案。同构网络是引入一个或多个无线传感器网络节点作为独立网关节点并以此为接口接入互联网，即把与互联网标准 IP 协议的接口置于无线传感器网络外部的网关节点。同构网络符合无线传感器网络的数据流模式，易于管理，无须对网络本身进行大的调整，缺点是会使网关附近的节点能量消耗过快并可能造成一定程度的信息冗余。异构网络是对一部分能量高的节点赋予 IP 地址，作为与互联网标准 IP 协议的接口。异构网络的特点是高能力节点可以完成复杂任务，承担更多的负荷，难点在于无法对节点的"高能力"有明确定义，也难以使 IP 节点通过其他普通节点进行通信。总体而言，同构网络比较容易实现。

第七节　检测系统的设计

一个完整的检测系统，除了基本的传感器外，还有很多其他不可缺少的环节，如信号采集、处理、分析和反馈或识别。这里，从检测系统设计的角度介绍其中的关键设计问题。

一、检测系统的总体方案设计

（1）根据机电一体化系统对检测系统的要求，从宏观上确定检测系统的基本构成，如"传感器+信号调理+A/D 转换器+单片机"最小系统，或"传感器+信号调理+数据采集卡+计算机"系统，又或" 数字智能传感器+单片机" 系统，等等。

（2）以宏观上确定的检测系统基本构成为基础，根据给定的系统要求，合理选择具体的传感器、A/D 转换器或数据采集卡，完成调理电路的设计。

二、检测系统的基本参数确定

当检测系统的总体架构确定后，需要进行系统基本参数的确定与误差极限的预估，就是根据对检测系统的要求和确定的系统基本构成，进一步确定检测系统各环节的基本参数和动态特性，以及预估系统各环节的误差极限。

检测系统基本参数的确定主要是根据系统分辨力与量程要求，确定各硬件模块或环节的灵敏度。检测系统灵敏度的表达式为

$$S = \frac{\Delta y}{\Delta x} = \frac{\Delta u}{\Delta x}\frac{\Delta v}{\Delta u}\frac{\Delta y}{\Delta v} = S_1, \ S_2, \ S_3 \qquad (5-14)$$

式中　$S_1 = \dfrac{\Delta u}{\Delta x}$——传感器的灵敏度；

$S_2 = \dfrac{\Delta v}{\Delta u}$——放大器的放大倍数，又称增益；

$S_3 = \dfrac{\Delta y}{\Delta v}$——转换器的灵敏度，是 A/D 转换器量化单位 Q 的倒数，即 $S_3 = 1/Q$。

通常按系统分辨力与量程要求及工作环境条件，先确定传感器的类型和灵敏度 S_1，然后进行放大器增益 S_2 与 A/D 转换器灵敏度 S_3 的权衡。一般的方法是：先根据检测范围和分辨力确定 A/D 转换器或数据采集卡的位数，再根据 A/D 转换器或数据采集卡的位数、输入电压范围和传感器的灵敏度 S_1 确定放大器的增益 S_2。

当检测范围较大时，可考虑分为多量程，这样可降低对 A/D 转换器或数据采集卡的要求。例如，某测温系统测量范围为 0~200 ℃，若分辨力要求为 0.1 ℃，则单量程（0~200 ℃）需要选用 11 位的 A/D 转换器或数据采集卡；分为 0~100 ℃ 和 100~200 ℃ 两个量程，则 10 位的 A/D 转换器即可满足要求。当然，量程不同，放大器的增益也不同，可考虑用程控放大器，实现多增益自动量程切换。

三、检测系统的误差极限预估

误差极限的预估是按系统总误差的限定值对组成系统的各单元模块进行误差分配。基本思路是：误差预分配、误差综合调整、误差再分配、误差再综合，直至选定单元模块的静态性能满足系统静态性能的要求。以压力检测系统为例，要求该系统在（20±5）℃ 环境温度内应用误差不大于 1.0%，当工作环境温度为 60 ℃ 时，温度附加误差不大于 2.5%，试确定压阻式压力传感器、放大器和数据采集系统的静态性能。

对于检测系统输出量 y 的表达式为

$$y = S_1 S_2 S_3 x$$

对上式取对数并做全微分，可得

$$\ln y = \ln S_1 + \ln S_2 + \ln S_3 + \ln x$$

$$\frac{dy}{y} = \frac{dS_1}{S_1} + \frac{dS_2}{S_2} + \frac{dS_3}{S_3} + \frac{dx}{x}$$

由于 x 是被测对象，故令 $\dfrac{dy}{x} = 0$，则由上式可得

$$\gamma_y = \gamma_1 + \gamma_2 + \gamma_3 \qquad (5-15)$$

式（5-15）表明系统整体总误差相对值 γ_y 与链形结构中各单元的相对误差分项 γ_1，γ_2，γ_3 的关系，它是误差极限预估的依据。考虑到 γ_1，γ_2，γ_3 和 γ_y 常用极限误差表示，采用几何合成可得

$$\gamma_y = \pm\sqrt{\gamma_1^2 + \gamma_2^2 + \gamma_3^2} \qquad (5-16)$$

按整体性能要求，应使误差小于1%，即

$$|\gamma_y| = \sqrt{\gamma_1^2 + \gamma_2^2 + \gamma_3^2} \leq 1\% \qquad (5-17)$$

5.7.4.1 传感器误差的评定

传感器误差的评定有两种方法，一种是用传感器的准确度等级指数 α 评定，另一种是用传感器的分项指标评定。

1. 用传感器的准确度等级指数 α 评定

传感器的准确度等级指数是极限误差的概念，传感器的相对标准不确定度为

$$\gamma_1 = \pm\alpha\% \qquad (5-18)$$

在工程中常用"精度"进行估算，这里的精度是滞后、非线性和重复性误差的综合。

2. 用传感器的分项指标评定

传感器的分项指标有滞后 δ_H、重复性 δ_R、电源波动系数 α_E、零点温度系数 α_0 和灵敏度温度系数 α_s。当准确度等级指数未知时，传感器的误差可由传感器的分项指标评定，为

$$\gamma_1 = \sqrt{\gamma_{11}^2 + \gamma_{12}^2 + \gamma_{13}^2 + \gamma_{14}^2} \qquad (5-19)$$

式中　$\gamma_{11} = \delta_H$——由滞后 δ_H 引入的误差分量；

$\gamma_{12} = \delta_R$——由重复性 δ_R 引入的误差分量；

$\gamma_{13} = \alpha_E$——由电源波动系数 α_E 引入的误差分量；

$\gamma_{14} = (\alpha_0 + \alpha_s)\Delta t$——由环境温度变化引入的误差分量。

设传感器技术指标为：滞后 $\delta_H = 0.09\%$，重复性 $\delta_R = 0.09\%$，电源波动系数 $\alpha_E = 0.03\%$，温度系数 $\alpha_0 = 4.9\times10^{-4}/℃$，$\alpha_s = 5.1\times10^{-4}/℃$。将上述数据代入公式，当 $\Delta t = 5℃$ 时，得

$$\gamma_1^2 = \{0.09^2 + 0.09^2 + 0.03^2 + [(4.9+5.1)\times10^{-2}\times5]^2\}\times10^{-4}$$
$$= 0.2671\times10^{-4},$$
$$\gamma_1 = 0.52\%$$

5.7.4.2　数据采集系统或 A/D 转换器误差的评定

数据采集系统或 A/D 转换器引起的误差分量如下。

1. A/D 转换器转换误差（精度）引起的误差分量

设 A/D 转换器转换误差为 0.25%，则它引起的误差分量为

$$\gamma_{31} = 0.25\%$$

2. 量化误差引入的不确定度分量

当选用 8 位 A/D 转换器时，由量化误差引入的误差分量为

$$\gamma_{32} = \frac{1}{2^8} \approx 0.39\%$$

3. 修约误差引入的误差分量

由于显示结果要修约至估读值，所以产生了修约误差。修约误差为量化误差的一半，即

$$\gamma_{33} = \frac{1}{2}\gamma_{32} = 0.2\%$$

故有

$$\gamma_3{}^2 = \gamma_{31}{}^2 + \gamma_{32}{}^2 + \gamma_{33}{}^2 = (0.25^2 + 0.39^2 + 0.20^2) \times 10^{-4} = 0.2546 \times 10^{-4}$$
$$\gamma_3 = 0.5\%$$

5.7.4.3　放大器误差的限定

根据整体极限误差 $|\gamma_y| = \sqrt{\gamma_1{}^2 + \gamma_2{}^2 + \gamma_3{}^2} \square 1\%$ 的要求，且已设定传感器误差 γ_1、A/D 转换器的误差 γ_3，由式（5-20）可得放大器误差 γ_2。代入求解，求得放大器误差 γ_2 为

$$\gamma_2 \square 0.69\%$$

产生放大器误差的原因是放大倍数的波动、环境温度变化引起放大器的失调温度漂移及反馈电阻阻值比的漂移。在采用实时自校正的检测系统中，放大倍数是由基准电压实时标定的，因此放大器误差取决于基准电压源的稳定度。同样，基准电压值的波动通常也受环境的影响，对于由 2DW232 系列稳压二极管制作的基准电压源，温度系数可达 5 ppm/℃，在 5 ℃ 范围内波动相对值为 $(100 \sim 25) \times 10^{-6} = 0.01\% \sim 0.0025\%$。

四、检测系统的温度附加误差估计及其他设计问题

5.7.5.1 温度附加误差的估计

当环境温度为 60 ℃时，温度附加误差 $\gamma_T = (\alpha_0 + \alpha_s) \times \Delta T = (\alpha_0 + \alpha_s) \times 40$，设计要求温度附加误差小于 2.5%，即 $\alpha_0 + \alpha_s \leqslant 6.25 \times 10^{-4}/℃$ 时即可满足温度附加误差的要求。

5.7.5.2 其他设计问题

设计中，还需要注意 A/D 转换器满度输入电压 U_H 的选择与最小放大倍数 S_2 的确定。放大器的放大倍数与 A/D 转换器满度输入电压 U_H 有关，而 U_H 是由 A/D 转换器或数据采集卡本身所决定的，所以对于放大器最小放大倍数的确定，要先根据系统分辨力要求，选择 A/D 转换器的位数和满度输入电压，然后计算放大器的放大倍数。

$$\Delta y_{min} = S_1 S_2 S_3 \Delta x_{min} \qquad\qquad (5-21)$$

或

$$\Delta y_{max} = S_1 S_2 S_3 \Delta x_{max} \qquad\qquad (5-22)$$

不难看出，放大倍数的计算有两种方法：一是利用式（5-21），从分辨力入手计算放大倍数的最小值；二是利用式（5-22），从量程入手计算放大倍数的最大值。对于线性系统来说，两种方法是等价的，放大倍数满足系统分辨力的要求，肯定也满足量程的要求，反之亦然。但对于非线性系统来说，两种方法有差异，若从系统分辨力（或量程）角度计算，需要对系统分辨力（或量程）进行检验。

第六章　机电一体化控制系统设计

在机电一体化系统中，控制系统起着极其重要的作用。近年来，机电一体化技术日渐成熟，计算机技术、信息技术、自动控制、智能控制理论与机械技术的融合程度越来越高。计算机的强大信息处理能力将机电一体化控制技术不断提升。同时，人工智能的发展与应用使得机电设备的自动化水平和分析能力快速发展。

第一节　机电一体化控制系统设计基础

机电一体化控制系统设计与调试的内容十分丰富，需要设计人员综合运用微机硬软件技术、数字与模拟电路、控制理论等方面的基础知识，同时设计人员还需要了解与被控对象有关的工艺知识，设计时的灵活性特别强。因此，设计人员的知识结构和实践经验对设计过程有着重要的影响，很难提出一种普遍性的设计规则。尽管如此，从设计原则、主要步骤到所需要处理的具体设计任务，仍有许多共性的方面值得借鉴。

一、机电一体化控制系统设计的基本要求

机电一体化控制系统设计要求可以归纳如下。

1. 适用性

控制系统的性能必须满足生产要求。设计人员必须认真分析、重视实际控制系统的特殊性和具体要求。

2. 可靠性

控制系统具有能够无故障运行的能力，具体衡量指标是平均故障间隔时间（MBTF）。一般要求平均故障间隔时间达到数千小时甚至数万小时。要提高控制系统的可靠性，可从提高硬件和软件的容错能力入手。

3. 经济性

在满足任务要求的前提下，使控制系统的设计、制作、运行、维护成本尽可能低。

4. 可维护性

可维护性是指进行系统维护时的方便程度，包括检测和维护两个部分。为了提高可维护性，控制系统的软件应具有自检、自诊断功能，硬件结构及安装位置应方便检测、维修和更换。

5. 可扩展性

在进行控制系统设计时，应考虑控制设备的更新换代、被控对象的增减变化，使控制系统能在不做大的变动的条件下很快适应新的情况。采用标准总线、通用接口器件，设计指标留有余量，以及利用软件增大系统的柔性等，都是提高控制系统可扩展性的有效措施。

在这些要求中，适用、可靠、经济是最基本的设计要求。一个具体的机电一体化控制系统应根据具体任务对功能予以取舍。

二、机电一体化控制系统设计的基本内容

构建机电一体化控制系统时，大致需要经历以下设计与调试过程。

（一）明确控制任务

在开始设计机电一体化控制系统之前，设计人员首先需要对被控对象工艺过程进行详尽的调研工作，根据实际调查分析的结果，将设计任务要求具体化，明确机电一体化控制系统所要完成的任务；然后用时间流程图或控制流程图来描述控制过程和控制任务，完成设计任务说明书，规定具体的系统设计技术指标和参数。

（二）选择检测元件和执行机构

在机电一体化控制系统中，检测元件和执行机构直接影响系统的基本功能、运行精度以及响应特性。在确定总体方案时，应选择适用于目标机电一体化控制系统的检测元件和执行机构，作为系统建模分析、选择微机及其外部设备配置的依据。检测元件主要是各种传感器，选择时应同时注意信号形式、精度与适用频率范围。执行机构的确定应体现良好的工艺性，可进行多种方案的对比分析，注意发挥机电一体化系统的特点。

（三）建立生产过程的数学模型

为了保证机电一体化控制系统的控制效果，必须建立可以定量描述被控对象生产过程运行规律的数学模型。根据被控对象的不同，模型可以是脉冲或频率响应函数、代数方程、微分或差分方程、偏微分方程，或者是它们的某种组合。复杂生产过程数学模型的建立，往往需要把理论方法与实践经验结合起来，采用某种程度的工程近似。数学模型建立后，可以再从以下几个方面指导设计过程。

1. 生产过程仿真

在数学模型上，可以不受现场实验费用、实验时间和生产安全等因素的限制，考察在特定输入作用下被控对象的状态与输出响应，全面分析与评价系统性能，验证理论模型，预测某些变量的未知状态，求取生产过程的最优解。

2. 异常工况的动态特性研究

为了确保机电一体化控制系统的安全性，必须掌握被控对象在异常工况下的运行

特性，而实际情况又不允许真实系统在非正常的状态下工作，因此数学模型常用来获取被控对象异常工况下的运行特性，指导有关确保人身、设备安全防护措施的设计。

3. 控制方案设计

利用所建立的生产过程和其他已经确定的检测元件、执行机构的数学模型，可以进行控制系统的设计，选择合适的控制规律。必须提请注意的是，数学模型的精度应与控制要求相适应。

（四）确定控制算法

在数学模型的基础上，可根据选定的目标函数，运用控制理论的知识确定控制系统的基本结构和所需的控制规律。如果系统结构是多变量的，就应尽量进行解耦处理。所得出的控制结构和控制规律通常都应通过计算机仿真加以验证与完善。特别是微机控制系统，它的控制规律是由采样系统和数字计算机的程序软件实现的，必须对离散后的控制算法的精度及稳定性进行验证。

（五）控制系统总体设计

控制系统总体设计的任务包括：微控制器类型及其外围接口的选择；分配硬/软件功能；划分操作人员与计算机承担的任务范围；确定人机界面的组成形式；选择用于控制系统硬/软件开发与调试的辅助工具（如微机开发系统和控制系统的计算机仿真软件）；经济性分析等。控制系统的总体方案确定后，便可以用于指导具体的硬/软件的设计开发与调试工作。

（六）控制系统硬/软件设计

在控制系统硬/软件设计阶段，需要完成具体实施总体方案所规定的各项设计任务。控制系统硬件设计任务包括接口电路设计、操作控制台设计、电源设计和结构设计等。在控制系统软件设计工作中，任务量最大的是应用程序的设计。某些输入/输出设备的管理程序往往可以选用标准程序。对于系统软件中不完备的部分，需要结合实际自主开发。

控制系统硬件和软件的设计过程往往需要同时进行，以便随时协调二者的设计内容和工作进度。应特别注意，微机控制系统中硬件与软件所承担功能的实施方案划分有很大的灵活性，对于同项任务，通过硬件、软件往往都可以完成，因此，在这一设计阶段需要反复考虑、认真平衡硬件、软件比例，及时调整设计方案。

三、机电一体化控制系统的调试方法

调试是机电一体化控制系统设计过程中发现和纠正错误的主要阶段。调试任务包括软件与硬件的分别调试、软件和硬件组成系统后的实验室统调、实际系统的现场调试。

（一）硬件调试

硬件调试是一种脱机调试，它的任务是验证各接口电路是否按预定的时序和逻辑顺序工作，验证由 CPU 及扩展电路组成的微机系统是否能正常运转。硬件调试可分为静态调试和动态调试两步进行。

1. 静态调试

静态调试是指：首先，在电气元件未装到电路板上之前，用欧姆表检查电路、排线是否正确；其次，将元器件接入电源，用电压表检查元器件插座上的电压是否正常；最后，安装好电路板，利用示波器、电压表、逻辑分析仪等仪器，检查噪声电平、时钟信号、电路中的其他脉冲信号以及元器件的工作状态等。

2. 动态调试

动态调试是指利用仿真器或个人微机等开发工具，在样机上运行测试程序。测试者可通过适当的硬件或外接的仪器观察到硬件的运行结果。

（二）软件调试

软件调试也是机电一体化控制系统硬/软件联机统调之前的脱机（离线）调试。进行软件脱机调试时，通常应遵循从不控制其他子程序的最基本（或最简单）的子程序模块开始的原则，先简后繁，先局部后全局，确保所有调试程序所依据的子程序都是正确的。

（三）联机调试

在硬件和软件分别通过调试之后，就可进行联机调试，以使样机最终满足设计要求。联机调试的主要工具依然是计算机开发系统或在线仿真器。联机调试与硬件脱机调试不同的地方仅仅在于运行的程序是已通过调试的应用程序。一旦联机调试通过，就可将应用程序写入 EPROM。将 EPROM 芯片插入待调控制系统后，待调控制系统就能够脱离计算机开发系统独立工作了。

（四）现场调试

现场调试是机电一体化控制系统投入生产前必不可少的一个环节。系统在现场组装后，应与实际被控对象一起进行全面试验，在这个过程中有时还需要对机电一体化系统做部分改进。

由于受到设计人员的知识和经验、系统的复杂程度等因素的影响，这些方法与步骤并不是一成不变的。机电一体化控制系统的设计制作是综合运用工艺知识、控制知识、微电子技术以及机械和电路方面基础知识及其技巧的过程，设计人员只有通过动手实践才能不断积累经验，提高自己的水平。

四、机电一体化控制系统的评价方法

控制系统性能检测/评价（control performance monitoring/assessment，CPM/CPA）

是一项重要的资产管理技术，用以保证生产企业高效运行。在工业环境中，包括传感器、执行器在内的各种设备故障是很普遍的现象，而故障又会在整个生产过程中引入额外的误差，从而降低设备的可操作性，提高成本，并最终影响的产品质量。因此，如何及时地发现和修正控制系统中的故障设备，成为关键问题。控制系统性能评价的主要目标就是提供在线的自动化程序，向现场人员提供信息（过程变量是否满足预定的性能指标和特性），对控制系统进行评估，并根据结果对控制器做出相应的调整。机电一体化控制系统性能评价如下。

1. 判断当前控制系统的性能

通过对测量的动态数据进行分析，量化当前控制系统的控制性能（如计算系统输出方差）。

2. 选择和设计性能评价的基准

根据性能评价的基准对当前控制系统的性能进行评价。这个基准可以是最小方差（minimum variance，MV）或其他用户自定义的标准（这个标准就是现有的控制系统设备可能达到的最好性能）。

3. 评价和检查低性能回路

求出现行控制系统相对于所选的基准的偏差，判断出从当前的控制系统性能到所选的基准还有多大的改进空间。

4. 判断内在的原因

当分析结果显示运行的控制器偏离了基准或要求的标准时，就要找出其中的原因，如控制器参数设置不当且缺少维护、设备故障或设计低效、前馈补偿低效或无效、控制结果设计不恰当等。

5. 对如何改善性能提出建议

在多数情况下，控制器的性能可以通过重新调整参数得到改善。当分析结果表明，在当前的控制系统结构下不可能达到控制功能要求的性能时，就要考虑更深入的修改，如修改控制策略、检查控制系统设备等。

机电一体化控制系统的评价必然采用多层次、多目标的综合评价方法。多层次、多目标是指机电一体化控制系统较为复杂，控制系统内在联系因素较多，功能模块之间关系复杂，使得评价指标体系呈现出多目标、多层次的结构，且这些目标之间是递阶结构。

总目标 O 表示机电一体化控制系统评价指令，有

$$O = \{O_1, O_2, O_2, \cdots\}$$

评价指标 O_1，O_2，O_2，$\cdots$分别表示技术、性能、经济等评价指标。不同的机电一体化控制系统有着不同的评价指标。信息处理与控制子系统的评价指标如表 6-1 所示。

表 6-1　信息处理与控制子系统的评价指标

控制系统	技术评价指标	性能评价指标	经济评价指标
信息处理与控制子系统	控制原理 稳定裕度 稳定裕度 控制精度 响应时间	安全性 电磁兼容性 通信功能 网络管理功能 可靠性和可维修性	性价比 调试的方便性

第二节　机电一体化控制系统数学建模与仿真

在机电一体化控制系统设计阶段，元件建模起到非常重要的作用，元件模型是数学方程式的衍生物，适合用于计算机仿真。除了最简单的系统，对于几乎所有系统，如传感器、驱动器等元件的性能以及它们对系统性能的影响，通过仿真来评估。建模需要构建适合计算机仿真和求解的数学模型，术语上称为模拟。如今数字计算机广泛用于模拟与仿真，人们使用框图元素构建数字计算机模型，并把模型表示成框图。框图比电路模型更加强大、灵活和直观。

一、机电一体化控制系统框图建模方法

（一）算子符号和传递函数

为了方便书写线性集总参数微分方程，特别引入 D 算子。只需要简单地用合适的算子简化表示微分或积分运算，任何线性集总参数微分方程就都可以转换为算子形式。表 6-2 总结了微分和积分用的算子，并列出了若干例子。

表 6-2　微分和积分用的 D 算子

类型	运算	算子	算子形式的例子
连续的	微分	$D = D\dfrac{d\,(\,)}{dt}$	$x\,(t)\,-3x\,(t)\,+\ddot{x}\,(i)\,=r\,(i)\,-1$ $\Rightarrow D^2 x\,(t)\,-3Dx\,(t)\,+x\,(t)\,=Dr\,(t)\,-1$
连续的	积分	$\dfrac{1}{D} \approx \displaystyle\int_{t_0}^{t}(\,)\,d\tau$	$\dot{x}(t)\,+x(t)\,-\displaystyle\int x(\tau)\,d\tau\,+r(t)\,=0$ $\Rightarrow Dx\,(t)\,+x\,(t)\,-\dfrac{1}{D}x\,(t)\,+r\,(t)\,=0$

通常不仅要正确地写出微分方程，还要求解并分析其特性。对于一个连续时间域内的系统 $f\,(t)$，常采用拉普拉斯变换，利用一个形式为 e^{st} 的复指数函数的连续和来

表达，其中 s 是一个复变量，定义为 $s \equiv \sigma + j\omega$。复频域（或通常称为 s 平面）是一个包含直角 x-y 坐标系的平面，其中 σ 是实数部分，ω 是虚数部分。对一个时间内域的微分运算进行拉普拉斯变换，结果就变成了一个频域内的乘法运算，其中 s 就是算子。拉普拉斯 s 算子和先前介绍的 D 算子是一样的，只是当将微分方程写成 s 算子或者拉普拉斯格式时，它将不再属于时域范围，而是在频域（复变量的）范围内了。

许多系统的因果关系可以近似地写成一个线性常微分方程。例如，假设某二阶动态系统只有一个输入 $r(t)$ 和一个输出 $y(t)$，则表示如下。

$$\ddot{y}(t) - 2\dot{y}(t) + 7y(t) = \dot{r}(t) - 6r(t) \qquad (6-1)$$

这类系统称为单输入——单输出（SISO）系统。传递函数是用来描写单输入——单输出系统的另一种方法。传递函数就是输出变量和输入变量的比值，可表示为用 D 算子或 s 算子表示的两个多项式的比值。任何线性常微分方程都可以通过以下三个步骤变换成传递函数形式。为了演示这个过程，将上述二阶线性常微分方程转换成它的传递函数形式。

第 1 步，用算子符号重写常微分方程。

$$D^2 y(t) - 2Dy(t) + 7y(t) = Dr(t) - 6r(t) \qquad (6-2)$$

第 2 步，将输出变量放于方程左边，将输入变量放于方程右边。

$$y(t) \cdot (D^2 - 2D + 7) = r(t) \cdot (D - 6) \qquad (6-3)$$

第 3 步，求解输出信号和输入信号的比值，获得传递函数。

$$传递函数 = \frac{y(t)}{r(t)} = \frac{D-6}{D^2 - 2D + 7} \qquad (6-4)$$

传递函数中包括两个关于 D 算子或 s 算子的多项式，一个是分子多项式，另一个是分母多项式。首一多项式是首项系数为 1 的多项式，也就是 D 算子或 s 算子的最高幂次的系数为 1。为了最小化传递函数系数的个数，通常将分子多项式、分母多项式写成首一形式，这将增加一个额外的增益系数。例如，将下面的传递函数改写为首一形式，将分子中的 16 和分母中的 5 提出来，形成新的增益系数 16/5，而括号内的分子、分母都变为首一形式，最高幂次的系数为 1。

$$\frac{16D-4}{5D^2 + 3D + 1} \xRightarrow{\text{首一形式}} \frac{16}{5} \cdot \left[\frac{D - \dfrac{4}{16}}{D^2 + \dfrac{3}{5}D + \dfrac{1}{5}} \right] \qquad (6-5)$$

（二）框图

框图一般是较大的可视化编程环境的一部分，其他部分还包括积分数字算法、实时接口、编码生成，以及高速应用的硬件接口。

1. 简介

框图模型由两个基本要素组成：信号线和方框（或模块）。信号线的功能是从起点（通常是一个方框）向终点（通常是另一个方框）传递信号或数值。信号的流动方向用信号线上的箭头表示。一旦确定了某一信号线上的信号流向，那么经过该信号线的所有信号都沿着既定的方向流动。模块是将输入信号与参数进行处理，然后产生输出信号的处理单元。所有的框图系统都包含三个最基本的模块，它们分别是求和连接器、增益和积分器。图 6-1 所示为一个包含这三个基本模块的框图系统。

图 6-1　包含三个基本模块的框图系统示例

从顶部输入积分器的垂直向下的信号 Y_0 表示积分器的初始状态。如果不考虑这个信号，那么积分器的初始状态为 O_0 初始状态也可以表示在积分器下游的某个求和连接器上，如图 6-2 所示。

图 6-2　框图中积分器初始状态的表示方法

用框图表示的系统可以用来分析和仿真。框图系统的分析一般通过简化来获得信号间的传递特征。

2. 框图操作

框图很少表示成标准化形式，通常都要化简成更有效的或更易于理解的形式。化简框图是理解该框图的功能和特性非常关键的一步。化简框图常用的基本准则包括串联框图化简准则和并联框图化简准则，如图 6-3 所示。

（a）串联操作——串联模块相乘　　　（b）并联操作——并联模块相加

图 6-3　串联框图和并联框图的化简准则

3. 基本反馈控制系统的形式

自动控制的一个重要组成部分是反馈。反馈提供了一种机制来衰减因参数变化和干扰而造成的影响，以及增强动态跟踪的能力。图 6-4 所示为基本反馈控制系统（BFS）的框图。变量 R 是基本反馈控制系统的输入，E 是控制变量（或称为误差变量），而 Y 是基本反馈控制系统的输出。

图 6-4　基本反馈控制系统的框图

该基本反馈控制系统的闭环传递函数用两个方程（其中包含 3 个变量 R、E 和 Y）求解，通过联立方程消去 E，并求解比值 Y/R。具体步骤如下。

第 1 步，有

$$E = R - H(D) \cdot Y$$

第 2 步，有

$$Y = G(D) \cdot E$$

将第 1 步代入第 2 步，有

$$Y = G(D) \cdot [R - H(D) \cdot Y]$$
$$Y + G(D) \cdot H(D) \cdot Y = G(D) \cdot R$$
$$Y \cdot [1 + G(D) \cdot H(D)] = G(D) \cdot R$$
$$\frac{Y}{R} = \frac{G(D)}{1 + G(D) \cdot H(D)}$$

函数 $G(D) \cdot H(D)$ 表示围绕这反馈控制系统反馈环的传递函数，称为环路传递函数（loop transfer function，LTF）。若某一系统是基本反馈控制系统形式，那么它的闭环传递函数（closed loop transfer function，CLTF）可以直接改写为

$$T(D) = \frac{\text{正向开环传递函数}}{1 + \text{环路传递函数}} = \frac{G(D)}{1 + G(D) \cdot H(D)} \qquad (6-6)$$

$T(D)$ 的分母称作返回偏差，定义为 1+环路传递函数。

二、机电一体化控制系统仿真方法

仿真是一个在计算机上求解框图模型的过程。理论上，仿真可以求解任何模型。大多数可视化仿真环境具备图形编辑功能、分析功能、仿真功能等三个基本功能。

（1）图形编辑功能：用来创建、编辑、存储和取出模型，也可用于创建模型输入、编排仿真和展示模型结果。

（2）分析功能：用于获得传递函数、计算频率响应，以及估算对干扰的灵敏

度等。

（3）仿真功能：用于求解框图模型的数字结果。

可视化仿真环境下的模型都是基于框图的，所以不需要进行基于文本形式的编程。所有的可视化仿真环境都包含仿真功能，以下是一些最常用的环境：美国国家仪器有限有限公司（NI）的 MATRIXX/System Builds、Math Works 公司的 MATLAB/Simulink、美国国家仪器有限公司的 LABVIEW、Visual Solutions 公司的 Vis Sim，以及波音公司的 Easy5 等。

（一）MATLAB 仿真软件简介

MATLAB 是由美国 Math Works 公司于 1984 年推出的专门用于科学、工程计算和系统仿真的优秀的科技应用软件。它在发展的过程中不断融入众多领域的一些专业性理论知识，从而出现了功能强大的 MATLAB 配套工具箱，如控制系统工具箱（control system toolbox）、模糊逻辑工具箱（fuzzy logic toolbox）、神经网工具箱（neural network toolbox），以及图形化的系统模型设计与仿真环境（Simulink）。Simulink 工具平台的出现，使得控制系统的设计与仿真变得相当容易和直观，Simlink 成为众多领域中计算机仿真、计算机辅助设计与分析、算法研究和应用开发的基本工具和首选应用软件。

（二）仿真过程

控制系统仿真过程包括控制系统数学模型的建立、控制系统仿真模型的建立、控制系统仿真程序的编写和控制系统仿真的实现及结果分析。

1. 控制系统数学模型的建立

数学模型是计算机仿真的基础，是指描述系统内部各物理量（或变量）之间关系的数学表达式。控制系统的数学模型通常是指动态数学模型，自动控制系统最基本的数学模型是输入/输出模型，包括时域的微分方程、复数域的传递函数和频率域中的频率特性。

2. 控制系统仿真模型的建立

控制系统通常由多个元部件相互连接而成，其中每个元部件都可以用一组微分方程或传递函数来表示。

3. 控制系统仿真的实现

MATLAB 控制系统工具箱提供了大量用以实现控制系统仿真的命令，在 Simulink 环境下通过用仿真模块建模和在命令窗口用仿真命令编程两种方法进行仿真，然后运行仿真系统得到单位阶跃响应图，并根据单位阶跃响应图分析控制系统的动态性能指标，从而评价控制系统性能的优劣。

三、机电一体化控制系统应用与仿真

（一）典型闭环控制系统仿真

假设闭环控制系统传递函数如下式所示，绘制输出量阶跃响应曲线和冲激响应曲线。

$$G(s) = \frac{200}{s^4 + 20s^3 + 120s^2 + 300s + 384}$$

编写如下程序。

```
num = 200;
den = [1 20 120 300 384];
sys = tf (num, den);
close_ sys = feedback (sys, 1);%闭环传递函数
subplot (211);
step (close_ sys);                     %阶跃响应曲线
axis ([0 4.5 0 0.5]);                  %设置坐标系
subplot (212);
impulse (close_ sys);                  %脉冲响应曲线
axis ([0 4.5 -0.3 0.8]);
```

该闭环控制系统输出量阶跃响应如图 6-5 所示。图 6-5 中，横坐标均为时间，纵坐标分别为系统的输出量阶跃响应值和冲激响应值。

图 6-5　闭环控制系统输出量阶跃响应曲线和冲激响应曲线

一般来说，对控制系统进行时域分析有这两种响应曲线就足够了，系统的主要参数及其变化规律在这两种响应曲线中都有所反映。

(二) 控制系统稳定性仿真

假设离散控制系统的受控对象传递函数如下式所示，且已知控制器模型为
$G_C(z) = \dfrac{1.5\ (z-0.5)}{z+0.8}$，分析在单位负反馈下该离散控制系统的稳定性。

$$G(z) = \frac{0.001(z^2 + 3.4z + 0.7)}{(z-1)(z-0.5)(z-0.9)}$$

编写如下程序。

```
den = conv ( [1-1], conv ( [1-0.5], [1-0.9] ) );
G = 0.001 * tf ( [13.40.7], den, 0.1);
Gc = 1.5 * tf ( [1-0.5], [10.8], 0.1);
GG = feedback ( G * Gc, 1);
[eig (GG) abs (eig (GG) ) ];
```

结果为

```
ans =
-0.7993                    0.7993
0.9489+0.0405i             0.9498
0.9489-0.0405i             0.9498
0.5000                     0.5000
```

由于各个特征根的模值都小于 1，所以可以判定该离散控制系统是稳定的。

第三节　智能控制算法

一、神经网络控制算法

人工神经网络 (artificial neural networks，简写为 ANNs) 也简称为神经网络 (NNs) 或称作连接模型 (connection model)，它是一种模仿动物神经网络行为特征，进行分布式并行信息处理的算法数学模型。这种网络依靠系统的复杂程度，通过调整内部大量节点之间相互连接的关系，从而达到处理信息的目的。它是一种应用类似于大脑神经突触连接的结构进行信息处理的数学模型，具有大规模并行处理、分布式信息存储、自适应与自组织能力良好等特点。

(一) 神经网络的应用

在网络模型与算法研究的基础上，可利用神经网络组成实际的应用系统，以实现某种信号处理或模式识别的功能、构造专家系统、制成机器人、实现复杂系统控制等。

（二）神经网络的特点

1. 具有自适应与自组织能力

根据系统提供的样本数据，通过学习和训练，神经网络也具有初步的自适应与自组织能力。

2. 具有泛化能力

具有泛化能力是说神经网络对没有训练过的样本有很好的预测能力和控制能力。

3. 具有非线性映射能力

对于复杂系统或者在系统未知的情况下，建立精确的数学模型很困难，这时神经网络的非线性映射能力表现出优势，因为它不需要对系统进行透彻的了解，但是能得到输入与输出的映射关系，这大大简化了设计的难度。

4. 具有高度的并行性

从功能的模拟角度看，神经网络具备很强的并行性，它是根据人的大脑而抽象出来的数学模型，可以实现并行控制。

（三）常见的神经网络控制算法

为了使神经网络能够执行一定的信息处理任务，必须确定神经元之间连接权的大小。目前主要有两种方法来解决这个问题。

第一种方法是从所要解决的问题的定义中直接计算神经元之间的连接权。例如，用 Hopfield 神经网络求解最优化问题时，令问题的评价函数和神经网络的能量函数一致，然后直接计算出各个连接权的大小。

第二种方法是当事先无法知道各个连接权的适当值时，所采用的神经网络"自组织"方法。神经网络的学习算法主要处理那些事先无法确定连接权的神经网络，通过给神经网络各种训练范例，把神经网络实际的响应和所希望的响应进行比较，然后根据偏差的情况，采用一定的学习算法修改各个连接权，使神经网络不断朝着能正确动作的方向变化下去，直到能得到正确的输出为止。

常见的学习算法如下。

1. 感知器网络

感知器是神经网络中的一种典型结构。它的主要特点是结构简单，对所能解决的问题存在着收敛算法。感知器网络是最简单的前馈网络，主要用于模式分类，也可用在基于模式分类的学习控制和多模态控制中。

2. BP 网络

误差反向传播学习算法即 BP 算法，通过一个使代价函数最小化过程完成输入到输出的映射。BP 网络不仅有输入层节点和输出层节点，而且有隐含层节点（隐含层可以是一层，也可以是多层），对于输入信号，要先向前传播到隐含层节点，经过作用函数后，再把隐含层节点的输出信息传播到输出层节点，最后给出输出结果。

二、模糊控制算法

对于复杂的系统，由于变量太多，往往难以正确地描述系统的动态，于是工程师便利用各种方法来简化系统的动态，以达成控制的目的，但效果不尽理想。例如，在复杂系统中，采用传统的 PID 控制算法很难取得满意的控制效果，但人工手动控制能够正常进行。然而，人工手动控制是基于操作者长期积累的经验进行的，人工手动控制逻辑设计是通过人的自然语言来描述的，如温度偏高、需要减少燃料等，这样的自然语言具有模糊性。

模糊控制是指将人的判断、思维逻辑用比较简单的数学形式直接表达出来，而对复杂系统做出符合实际的处理方案。模糊控制是利用模糊数学的基本思想和理论的控制方法。在传统的控制领域里，控制系统动态模式的精确与否直接影响控制效果的优劣。系统动态的信息越详细，越能达到精确控制的目的。

模糊控制理论一经提出，便在复杂系统的控制领域得到了极为广泛的应用，并取得了很好的控制效果。模糊控制实质上是一种非线性控制，从属于智能控制的范畴。模糊控制的一大特点是：既有系统化的理论，又有大量的实际应用背景。模糊控制器的设计主要包括以下内容。

（1）确定模糊控制器的输入变量和输出变量。

（2）设计模糊控制器的控制规则。

（3）确立模糊化和非模糊化（又称清晰化）的方法。

（4）选择模糊控制器输入变量及输出变量的论域，并确定模糊控制器的参数（如量化子、比例因子）。

（一）模糊控制系统的组成

模糊控制是一种以模糊数学为基础的计算机数字控制，模糊控制系统的组成类同于一般的数字控制系统。

模糊控制器是模糊控制系统的核心，它基于模糊条件语句描述的语言控制规则，所以又称为模糊语言控制器。模糊控制规则是模糊控制器的核心，它的正确与否直接影响到模糊控制器的性能，模糊控制规则的多少也是衡量模糊控制器性能的一个重要因素。模糊控制规则来源包括专家的经验和知识、操作员的操作模式和学习等。

（二）模糊控制的优点

（1）能降低系统设计的复杂性，特别适用于非线性、时变、滞后、模型不完全系统的控制。

（2）不依赖于被控对象的精确数学模型。

（3）利用模糊控制规则来描述系统变量间的关系。

（4）不用数值而用语言式的模糊变量来描述系统，模糊控制器不必为被控对象建立完整的数学模式。

（5）模糊控制器是一种容易控制、掌握的较理想的非线性控制器，具有较佳的鲁棒性、适应性和容错性。

（三）模糊控制的缺点

（1）模糊控制的设计尚缺乏系统性，对复杂系统的控制是难以奏效的。另外，还难以建立一套系统的模糊控制理论，用以解决模糊控制的机理、稳定性分析、系统化设计方法等一系列问题。

（2）完全凭经验获得模糊控制规则及隶属函数即系统的设计办法。

（3）信息简单的模糊处理将导致系统的控制精度降低和动态品质变差。若要提高控制精度，就必然增加量化级数，导致模糊控制规则搜索范围扩大，降低决策速度，甚至不能进行实时控制。

（4）保证模糊控制系统的稳定性即模糊控制中关于稳定性和鲁棒性的问题还有待解决。

（四）模糊控制的发展

模糊控制以现代控制理论为基础，同时与自适应控制技术、人工智能技术、神经网络技术相结合，在控制领域得到了空前的应用。

1. fuzzy-PID 复合控制

fuzzy-PID 复合控制将模糊控制技术与常规 PID 控制算法相结合，可以达到较高的控制精度。当温度偏差较大时采用模糊控制，控制系统响应速度快，动态性能好；当温度偏差较小时采用 PID 控制，控制系统静态性能好，满足系统控制精度。因此，它相比单个的模糊控制器和单个的 PID 调节器有更好的控制性能。

2. 自适应模糊控制

这种控制方法具有自适应和自学习的能力，能自动地对自适应模糊控制规则进行修改和完善，提高了控制系统的性能，使那些具有非线性、大时滞、高阶次的复杂系统具有更好的控制性能。

3. 参数自整定模糊控制

参数自整定模糊控制也称为比例因子自整定模糊控制。这种控制方法对环境变化有较强的适应能力，在随机环境中能对模糊控制器进行自动校正，使得控制系统在被控对象特性变化或扰动的情况下仍能保持较好的性能。

4. 专家模糊控制 EFC（expert fuzzy controller）

模糊控制与专家系统技术相结合，进一步提高了模糊控制器的智能水平。这种控制方法保持了基于规则的方法的价值和用模糊集处理带来的灵活性，同时把专家系统技术的表达与利用知识的长处结合起来，能够处理更广泛的控制问题。

5. 仿人智能模糊控制

仿人智能模糊控制的特点在于：IC 算法具有比例模式和保持模式两种基本模式的特点，使系统在误差绝对值变化时可处于闭环运行和开环运行两种状态，妥善解决了稳定性、准确性、快速性的矛盾。仿人智能模糊控制较好地应用于纯滞后对象。

6. 神经模糊控制（neuro-fuzzy control）

这种控制方法以神经网络为基础，利用了模糊逻辑具有较强的结构性知识表达能力，即描述系统定性知识的能力、神经网络强大的学习能力以及定量数据的直接处理能力。

7. 多变量模糊控制

这种控制方法适用于多变量控制系统。一个多变量模糊控制器有多个输入变量和输出变量。

第七章 机电一体化典型系统设计

随着机电一体化技术的发展和应用，诸多行业的机电产品设计都在遵循机电一体化系统设计的理念和法则，机电一体化技术的工业应用愈发广泛。对机电一体化产品而言，系统的稳态、动态设计比零部件、元器件设计更为关键，设计满足系统要求的机电一体化产品是设计中的难点。数控机床是一类较为成熟的机电一体化产品，随着技术进步，高端数控机床的设计越发重视新技术的应用，特别是更加强调智能化和健康监控技术的应用。机器人是目前最炙手可热的机电一体化产品，它的形式种类多样，设计技术在不断发展之中，极端工况下的智能机器人应用是重要的发展方向。煤矿机械属于传统行业，近年来逐渐重视自动化、信息化和智能化技术的应用，对安全监控和智能控制等要求越来越高，以求实现无人操控。

第一节 机电有机结合系统设计

机电一体化系统（产品）的设计过程是机电参数相互匹配与有机结合的过程，是指综合分析机电一体化系统（产品）的性能要求及各机电组成单元的特性，选择最合理的单元组合方案，最终实现机电一体化系统（产品）整体优化设计。第2章总体设计中简要介绍了机电有机结合设计的目标任务和流程，随后具体讲解了各子系统的建模方法。本节在各子系统模型的基础上，详细介绍机电一体化系统设计中稳态设计和动态设计的理论及方法，最后以数控机床、履带式机器人、带式输送机为例，示范应用机电一体化系统设计相关方法。

一、系统稳态设计

稳态设计包括使系统的输出运动参数达到技术要求、动力元件（如电动机）的参数选择、功率（或转矩）的匹配及过载能力的验算、各主要元部件的选择与控制电路的设计、信号的有效传递、各级增益的分配、各级之间阻抗的匹配和抗干扰措施等内容，并为后面动态设计中校正装置的引入留有余地。本部分主要介绍负载的等效换算、动力元件的匹配选择及减速比的匹配选择与各级减速比的分配。

（一）负载的等效换算

被控对象的运动，有的是直线运动，如机床工作台的 X、Y 及 Z 向运动，机器人臂部的升降、伸缩运动，绘图机的 X、Y 向运动；也有的是旋转运动，如机床主轴的回转运动、工作台的回转运动，机器人关节的回转运动等。动力元件与被控对象有直接连接的，也有通过传动装置连接的。动力元件的额定转矩（或力、功率）、加减速控制方案及制动方案的选择，应与被控对象的固有参数（如质量、转动惯量等）相互匹配。因此，要将被控对象相关部件的固有参数及其所受的负载（力或转矩等）等效换算到系统任意一根轴 k 上，即计算系统输出轴承受的等效转动惯量和等效负载转矩（回转运动）或计算等效质量和等效力（直线运动）。

下面以机床工作台的伺服进给系统为例加以说明。图 7-1 所示系统由 m 个移动部件和 n 个转动部件组成。m_i、v_i 和 F_i，分别为移动部件的质量（kg）、运动速度（m/s）和所受的负载力（N）；J_j、n_j（ω_j）和 T_j，分别为转动部件的转动惯量（kg·m^2）、转速（r/min 或 rad/s）和所受负载转矩（N·m）。

图 7-1　伺服进给系统示意图

1. 求折算到系统任意一根轴 k 上的等效转动惯量 J_{eq}^k

根据能量守恒定律，该系统运动部件的总动能为

$$E = \frac{1}{2}\sum_{i=1}^{m} m_i v_i^2 + \frac{1}{2}\sum_{j=1}^{n} J_j \omega_j^2$$

设等效到轴 k 上的总动能为

$$E^k = \frac{1}{2} J_{eq}^k \omega_k^2$$

由于

$$E = E^k$$

因此

$$J_{eq}^k = \sum_{i=1}^{m} m_i \left(\frac{v_i}{\omega_k}\right)^2 + \sum_{j=1}^{n} J_j \left(\frac{\omega_i}{\omega_k}\right)^2 \qquad (7-1)$$

工程上常用转速单位表达，因此可将式（7-1）改写为

$$J_{eq}^k = \frac{1}{4\pi^2}\sum_{i=1}^{m} m_i \left(\frac{v_i}{n_k}\right)^2 + \sum_{j=1}^{n} J_j \left(\frac{n_i}{n_k}\right)^2 \qquad (7-2)$$

式中：n_k——轴 k 上的转速（r/min）。

系统总等效转动惯量 J_{eq}^k 由动力元件转动惯量 J_M 和负载转动惯量 J_L 两个部分折算而得。在进行动力元件与负载惯量匹配计算时，这两个部分应分开折算。

2. 求折算到系统任意一根轴 k 上的等效负载转矩 T_{eq}^k

设上述系统在时间 t 内克服负载所做功的总和为

$$W = \sum_{i=1}^{m} F_i v_i t + \sum_{j=1}^{n} T_i \omega_i t \qquad (7-3)$$

同理，轴 k 在 t 时间内的转角为

$$\varphi_k = \omega_k t$$

则轴 k 所做的功为

$$W_k = T_{eq}^k \omega_k t$$

由于

$$W_k = W$$

因此

$$T_{eq}^k = \frac{\sum_{i=1}^{m} F_i v_i}{\omega_k} + \frac{\sum_{j=1}^{n} T_i \omega_i}{\omega_k} \qquad (7-4)$$

采用转速单位表示，可将式（7-4）改写为

$$T_{eq}^k = \frac{\frac{1}{2\pi} \sum_{i=1}^{m} F_i v_i}{n_k} + \frac{\sum_{j=1}^{n} T_i \omega_i}{n_k} \qquad (7-5)$$

等效负载转矩 T_{eq}^k 折算不考虑动力元件的输出转矩，但在估算时可用动力元件的输出转矩 T_M 代替负载转矩。

（二）动力元件的匹配选择

伺服系统是由若干元部件组成的，其中有些元部件已有系列化商品供选用。为了降低机电一体化系统的成本、缩短机电一体化系统的设计与研制周期，应尽可能选用标准化零部件。拟定系统方案时，首先确定动力元件的类型，然后根据技术条件的要求进行综合分析，选择与被控对象及其负载相匹配的动力元件。

（三）减速比的匹配选择与各级减速比的分配

减速比主要根据负载性质、脉冲当量和机电一体化系统的综合要求来选择确定，不仅要使减速比在一定条件下达到最佳，而且要满足脉冲当量与步距角之间的相应关系，还要满足最大转速要求等。当然，要全部满足上述要求是非常困难的。

1. 使加速度最大的选择方法

当输入信号变化快、加速度又很大时，应使

$$i = \frac{T_L}{T_M} + \left[\left(\frac{T_L}{T_M} \right)^2 + \frac{J_L}{J_M} \right]^{1/2} \qquad (7-6)$$

2. 最大输出速度选择方法

当输入信号近似恒速，即加速度很小时，应使

$$i = \frac{T_L}{T_M} + \left[\left(\frac{T_L}{T_M} \right)^2 + \frac{f_1}{f_2} \right]^{1/2} \qquad (7-7)$$

上两式中： T_L——等效负载转矩（N·m）；

T_M——电动机额定转矩（N·m）；

J_L——等效负载转动惯量（kg·m²）；

J_M——电动机转子的转动惯量（kg·m²）；

f_1——电动机的黏性摩擦系数；

f_2——负载的黏性摩擦系数。

3. 步进电动机驱动的传动系统传动比的选择方法

步进电动机驱动的传动系统传动比应满足脉冲当量 δ、步距角 α 和丝杠导程 S 之间的匹配关系，如式（7-8）所示。

$$i = \frac{\alpha S}{360°\delta} \tag{7-8}$$

式中： α——步进电动机的步距角（°/脉冲）；

S——滚珠丝杠的基本导程（mm）；

δ——机床执行部件的脉冲当量（mm/脉冲）。

4. 对速度和加速度均有一定要求的选择方法

当对系统的输出速度、加速度都有一定要求时，应按式（7-6）选择减速比 i，然后验算是否满足 $\omega_{Lmax} \leq \omega_M$，式中 ω_{Lmax} 为负载的最大角速度，ω_M 为电动机输出的角速度。

（四）机电一体化系统控制模型的建立

在稳态设计的基础上，利用所选元部件的有关参数，可以绘制出系统框图，并根据自动控制理论建立各环节的传递函数，进而建立系统传递函数。

下面以伺服进给机械传动系统为例，分析系统传递函数的建立方法。

如图 7-2 所示，伺服进给机械传动系统由齿轮减速器、轴、丝杠螺母机构及直线运动工作台等组成。图 7-2 中，$\theta_{mi}(t)$ 为伺服电动机输出轴的转角（系统输入量），$x_0(t)$ 为工作台的位移（系统输出量），i_1、i_2 为减速器的减速比，J_1、J_2、J_2 分别为轴 Ⅰ、Ⅱ、Ⅲ 及其轴上齿轮的转动惯量，m 为工作台直线移动部件的质量，B 为工作台直线运动的速度阻尼系数，S 为丝杠的导程，$K_e = \dfrac{K'' K_N}{K'' + K_N} = \dfrac{7.26×10^8×2.14×10^9}{7.26×10^8+2.14×10^9}$ N·m/rad = 5.42×10⁸N·m/rad 分别为轴 Ⅰ、Ⅱ、Ⅲ 的扭转刚度，K_4 为丝杠螺母机构及螺母座部分的轴向刚度，$T_{mi}(t)$ 为伺服电动机的输出转矩。伺服进给机械传动系统的传递函数 $G_j(s)$ 的建立方法如下。

设 K 为折算到电动机轴上的总的扭转刚度，又有 $x_0(t)$ 折算到电动机轴 Ⅰ 上的转角为 $i_1 i_2 \dfrac{2\pi}{S} x_0(t)$，$x_0(t)$ 折算到轴 Ⅱ 上的转角为 $i_2 \dfrac{2\pi}{S} x_0(t)$，$x_0(t)$ 折算到轴 Ⅱ 上的转角 $\dfrac{2\pi}{S} x_0(t)$，m 折算到 Ⅲ 轴上的转动惯量为 $m\left(\dfrac{S}{2\pi}\right)^2$，B 折算到 Ⅲ 轴上的速

图 7-2 伺服进给机械传动系统

度阻尼系数为 $B\left(\dfrac{S}{2\pi}\right)^2$ 设作用在轴 II 上的转矩为 $T_2(t)$，作用在轴 III 上的转矩为 $T_3(t)$，则有

$$K\left[\theta_{mi}(t)-i_1i_2\frac{2\pi}{S}x_0(t)\right]=T_{mi}(t)$$

$$T_{mi}(t)=J_1\frac{d^2\left[i_1i_2\dfrac{2\pi\cdot x_0(t)}{S}\right]}{dt^2}+\frac{T_2(t)}{i_1}$$

$$T_2(t)=J_2\frac{d^2\left[i_2\dfrac{2\pi\cdot x_0(t)}{S}\right]}{dt^2}+\frac{T_3(t)}{i_2}$$

$$T_3(t)=\left[J_3+m\left(\frac{S}{2\pi}\right)^2\right]\frac{d^2\left[\dfrac{2\pi}{S}x_0(t)\right]}{dt^2}+B\left(\frac{S}{2\pi}\right)^2\frac{d\left[\dfrac{2\pi\cdot x_0(t)}{S}\right]}{dt}$$

消去 $T_{mi}(t)$、$T_2(t)$、$T_3(t)$，并进行拉氏变换，经整理得到系统的传递函数为

$$\frac{X_i(s)}{\Theta_{mi}(s)}=\frac{K}{\left[J_1+\dfrac{J_2}{i_1^2}+\dfrac{J_3}{i_1^2i_2^2}+\dfrac{B\left(\frac{S}{2\pi}\right)^2}{i_1^2i_2^2}\right]s^2+\dfrac{B\left(\frac{S}{2\pi}\right)^2}{i_1^2i_2^2}s+K} \tag{7-9}$$

故

$$G_j(s)=\frac{X_i(s)}{\Theta_{mi}(s)}=\frac{\dfrac{KS}{2\pi\cdot i_1i_2}}{J_{eq}^ks^2+B\left(\dfrac{Si_1i_2}{2\pi}\right)s+K} \tag{7-10}$$

二、系统动态设计

(一) 机电伺服系统的动态设计

机电伺服系统的稳态设计只是初步确定了系统的主回路，系统还很不完善。在稳态设计的基础上所建立的系统数学模型一般不能满足系统动态品质的要求，甚至是不稳定的。为此，必须进一步进行系统的动态设计。

系统动态设计包括：选择系统的控制方式和校正（或补偿）形式，设计校正装置，将校正装置有效地连接到稳态设计阶段所设计的系统中去，使补偿后的系统成为稳定系统，并满足各项动态指标的要求。校正形式多种多样，设计人员需要结合由稳态设计所得到系统的组成特点，从中选择一种或几种校正形式。这是进行定量计算分析的前提。具体的定量分析计算方法很多，每种方法都有其自身的优点和不足。工程上常用对数频率法即 Bode 图法和根轨迹法进行设计，这两种方法作图简便，概念清晰，应用广泛。

对数频率法主要适用于线性定常最小相位系统。利用对数频率法进行系统动态设计的具体步骤是：系统以单位反馈构成闭环，若主反馈不是单位反馈，则需要等效成单位反馈的形式来处理（Bode 图法主要用系统开环对数幅频特性进行设计）；将各项设计指标反映到 Bode 图上，并画出一条能满足要求的系统开环对数幅频特性曲线；将该开环对数幅频特性与原始系统（在稳态设计的基础上建立的系统）的开环对数幅频特性相比较，找出所需校正（或补偿）装置的对数幅频特性；根据此特性来设计校正（或补偿）装置，将该装置有效地连接到原始系统中去，使校正（或补偿）后的开环对数幅频特性基本上与所希望系统的特性相一致。

(二) 闭环机电伺服系统调节器设计

在研究机电伺服系统的动态特性时，一般先根据系统组成建立系统的传递函数（即原始系统数学模型），然后根据系统的传递函数分析系统的稳定性、系统的过渡过程品质（响应的快速性和振荡）及系统的稳态精度。

当系统有输入或受到外部的干扰时，它的输出必将发生变化。由于系统中总是含有一些惯性或蓄能元件，系统的输出量不能立即变化到与外部输入或干扰相对应的值，这需要一个变化过程，这个变化过程即为系统的过渡过程。

当系统不稳定或虽然稳定但过渡过程性能和稳态性能不能满足要求时，可先调整系统中的有关参数。如果调整系统中的有关参数后系统仍不能满足使用要求，就需进行校正（常采用校正装置）。所使用的校正装置多种多样，其中最简单的校正装置是PID 调节器。

调节器分为有源调节器和无源调节器两类。简单的无源调节器由阻容电路组成。无源调节器衰减大，不易与系统其他环节相匹配。目前常用的调节器是有源调节器。

有源校正通常不是靠理论计算而是用工程整定的方法来确定其参数的。大致做法如下：在观察输出响应波形是否合乎理想要求的同时，按照先调比例系数、再调微分系数、后调积分系数的顺序，反复调整这三个参数，直至观察到输出响应波形比较合乎理想状态要求（一般认为在闭环机电伺服系统的过渡过程曲线中，若前后两个相邻波峰值之比为4:1，则输出响应波形较为理想）。

1. 闭环机电伺服系统建模及 PID 调节作用分析

图 7-3 所示为闭环机电伺服系统结构图的一般表达形式。图 7-3 中的调节器是为改善系统性能而加入的。调节器有电子式、液压式、数字式等多种形式，它们各有其优缺点，使用时必须根据系统的特性，选择适用于系统控制的调节器。在控制系统的评价或设计中，重要的是系统对目标值的偏差和系统在有外部干扰时所产生的输出（即误差）。

图 7-3 闭环机电伺服系统结构图的一般表现形式

由图 7-3 可写出控制系统对输入和干扰信号的闭环传递函数分别为

$$\frac{C(s)}{R(s)} = \frac{AG_c(s)G_v(s)G_p(s)}{1 + G_c(s)G_v(s)G_p(s)G_h(s)} \qquad (7-11)$$

$$\frac{C(s)}{D(s)} = \frac{G_p(s)G_d(s)}{1 + G_c(s)G_v(s)G_p(s)G_h(s)} \qquad (7-12)$$

在输入和干扰信号的同时作用下，系统输出量的象函数为

$$C(s) = \frac{AG_c(s)G_v(s)G_p(s)}{1 + G_c(s)G_v(s)G_p(s)G_h(s)}R(s) + \frac{G_p(s)G_d(s)}{1 + G_c(s)G_v(s)G_p(s)G_h(s)}D(s)$$

$$(7-13)$$

上三式中：$C(s)$——输出量的象函数；

$\qquad R(s)$——输入量的象函数；

$\qquad D(s)$——外部干扰信号的象函数；

$\qquad G_c(s)$——调节器的传递函数；

$\qquad G_v(s)$——控制元件的传递函数；

$\qquad G_p(s)$——执行元件的传递函数；

$\qquad G_h(s)$——检测元件的传递函数；

$\qquad G_d(s)$——外部干扰信号的传递函数。

设图 7-3 中各传递函数表达式为

$$G_v(s) = K_v, \quad G_h(s) = K_h$$

$$G_p(s) = \frac{K_p}{\tau_m s + 1}, \quad G_d(s) = \frac{1}{K_p}$$

式中：τ_m——微分时间常数（执行元件时间常数）。

下面分析在各种 PID 调节器的作用下系统产生的控制结果。

（1）比例（P）调节器。应用比例调节器时，$G_c(s) = K_0$，系统的闭环响应为

$$C(s) = \frac{AK_0 K_v \dfrac{K_p}{\tau_m s + 1}}{1 + \dfrac{K_0 K_v K_p K_h}{\tau_m s + 1}} R(s) + \frac{\dfrac{K_p}{\tau_m s + 1} \cdot \dfrac{1}{K_p}}{1 + \dfrac{K_0 K_v K_p K_h}{\tau_m s + 1}} D(s) \qquad (7-14)$$

即

$$C(s) = \frac{K_1}{\tau_1 s + 1} R(s) + \frac{K_2}{\tau_1 s + 1} D(s) \qquad (7-15)$$

输入信号 $R(s)$ 引起的输出为

$$C_r(s) = \frac{K_1}{\tau_1 s + 1} R(s) \qquad (7-16)$$

扰动信号 $D(s)$ 引起的输出为

$$C_d(s) = \frac{K_2}{\tau_1 s + 1} D(s) \qquad (7-17)$$

式（7-15）中，$K_1 = \dfrac{AK_o K_v K_p}{1 + K_o K_v K_p K_h}$，$K_2 = \dfrac{1}{1 + K_o K_v K_p K_h}$，$\tau_1 = \dfrac{\tau_m}{1 + K_o K_v K_p K_h}$。

由以上推导可知，系统加入具有比例调节作用的调节器时，系统的闭环响应仍为一阶滞后，但时间常数 τ_1 比原系统动力元件部分的时间常数 τ_m 小了，这说明系统响应快了。

设外部干扰信号为阶跃信号，其拉氏变换为 $D(s) = D_0/s$（其中 D_0 为阶跃信号幅值）。根据拉氏变换的终值定理及式（7-17），可求出稳态（$t \to \square$）时扰动引起的输出为

$$C_{ssd} = \lim_{t \to \square} C_d(t) = \lim_{s \to 0} C_d(s) = \lim_{s \to 0} \frac{K_2}{\tau_1 s + 1} D(s) = \lim_{s \to 0} \frac{K_2}{\tau_1 s + 1} \frac{D_o}{s} = K_2 D_o$$

系统在干扰作用下产生的输出 C_{ssd} 对目标值来说全部都是误差。

设系统目标值产生阶跃变化（即输入信号为阶跃信号），其拉氏变换为 $R(s) = R_o/s$。（式中 R_o 为输入信号幅值）。用同样方法可求出系统对输入信号的稳态输出为

$$C_{ssr} = \lim_{s \to 0} C_r(s) = K_1 R_0$$

若取 $K_1 = 1$，

$$A = \frac{1 + K_o K_v K_p K_h}{K_o K_v K_p} \qquad (7-18)$$

则有 $C_{ssr} = R_0$，即输出值与目标值相等。

由以上推导可知，比例调节作用的大小主要取决于比例系数 K_o。K_o 越大，比例调节作用越强，系统的动态特性也越好。但 K_o 太大，会引起系统不稳定。

比例调节的主要缺点是存在误差。因此，对于干扰较大、惯性也较大的系统，不宜采用单纯的比例调节器。

（2）积分（I）调节器。应用积分调节器时，$G_c(s) = \dfrac{1}{\tau_i s}$，$\tau_i$ 为积分时间常数，系统的闭环响应为

$$C(s) = \frac{A\dfrac{K_v K_p}{\tau_i s(\tau_m s + 1)}}{1 + \dfrac{K_v K_p K_h}{\tau_i s(\tau_m s + 1)}}R(s) + \frac{\dfrac{1}{\tau_m s + 1}}{1 + \dfrac{K_v K_p K_h}{\tau_i s(\tau_m s + 1)}}$$

$$= \frac{\dfrac{A K_v K_p}{\tau_i \tau_m}}{s^2 + \dfrac{1}{\tau_m}s + \dfrac{K_v K_p K_h}{\tau_i \tau_m}}R(s) + \frac{\dfrac{1}{\tau_m}s}{s^2 + \dfrac{1}{\tau_m}s + \dfrac{K_v K_p K_h}{\tau_i \tau_m}}D(s) \qquad (7-19)$$

通过计算可知，系统对阶跃干扰信号的稳态响应为零，即外部干扰不会影响系统的稳态输出。当目标值阶跃变化时，系统的稳态响应为

$$C_{ssr} = \lim_{s \to 0}C_r(s) = \frac{A}{K_h}R_o \qquad (7-20)$$

若取 $A = K_h$，则有 $C_{ssr} = R_o$，即输出值与目标值相等。

积分调节器的特点是，调节器的输出值与偏差 e 存在的时间有关，只要有偏差存在，输出值就会随时间增加而不断增大，直到偏差消除，调节器的输出值才不再发生变化。因此，积分调节作用能消除误差，这是积分调节器的主要优点。但积分调节器由于响应慢，所以很少单独使用。

（3）比例-积分（PI）调节器应用比例——积分调节器时，$C_c(s) = K_o\left(1 + \dfrac{1}{\tau_i s}\right)$，系统的闭环响应为

$$C(s) = \frac{A\dfrac{K_o K_v K_p}{\tau_i \tau_m}(\tau_i s + 1)}{s^2 + \dfrac{1 + K_o K_v K_p K_h}{\tau_m}s + \dfrac{K_o K_v K_p K_h}{\tau_i \tau_m}}R(s) + \frac{\dfrac{s}{\tau_m}}{s^2 + \dfrac{1 + K_o K_v K_p K_h}{\tau_m}s + \dfrac{K_o K_v K_p K_h}{\tau_i \tau_m}}$$

$$(7-21)$$

当外部干扰为阶跃信号时，系统的稳态响应为零，即外部扰动不会影响系统的稳态输出。当目标值阶跃变化时，系统的稳态响应为

$$C_{ssr} = \lim_{s \to 0}C_r(s) = \frac{A}{K_h}R_o \qquad (7-22)$$

这与应用积分调节器的情况相同，但系统的瞬态响应得到了改善。由以上分析可知，应用比例-积分调节器，既克服了单纯比例调节有稳态误差存在的缺点，又避免

了积分调节器响应慢的缺点，即系统的稳态特性和动态特性都得到了改善，所以比例 -积分调节器应用比较广泛。

（4）比例——积分微分（PID）调节器。比例——积分——微分调节器传递函数为

$$C_c(s) = K_o \left(1 + \frac{1}{\tau_i s} + \tau_m s \right) \qquad (7-23)$$

对于一个比例——积分微分调节器，在阶跃信号的作用下，首先进行比例和微分调节，使调节作用加强，然后进行积分，直到最后消除误差为止。因此，采用比例——积分微分调节器无论从是稳态的角度来说，还是从动态的角度来说，调节品质均得到了改善，比例——积分微分调节器也因此成为一种应用较为广泛的调节器。由于比例-积分微分调节器含有微分作用，所以噪声大或要求响应快的系统最好不使用。

加入不同调节器的系统在阶跃干扰信号作用下的响应如图7-4所示。

图7-4 在 P、I、PI 调节作用下系统对阶跃干扰信号的响应

2. 速度反馈校正

在机电伺服系统中，电动机低速运转时，工作台往往会出现爬行与跳动等不平衡现象。当功率放大级采用晶闸管时，由于它的增益的线性相当差，可以说它是一个很显著的非线性环节，这种非线性的存在是影响系统稳定性的一个重要因素。为了改善这种状况，常采用电流负反馈或速度负反馈。

在伺服机构中加入测速发电机用以进行速度反馈是局部负反馈的实例之一。测速发电机的输出电压与电动机输出轴的角速度成正比，测速发电机的传递函数 $C_c(s)$ = $\tau_d s$，式中 τ_d 为微分时间常数。设被控对象的传递函数为

$$C_0(s) = \frac{K}{s(Js + K)}$$

则采用测速发电机进行速度反馈的二阶伺服系统的结构图如图7-5所示，无反馈校正器时系统的闭环传递函数为

$$\Phi(s) = \frac{K}{Js^2 + fs + K} \tag{7-24}$$

图7-5　速度反馈结构图

用速度反馈校正后的闭环传递函数为

$$\Phi'(s) = \frac{K}{Js^2 + (f + \tau_d K)s + K} \tag{7-25}$$

上两式中：J——二阶伺服系统的等效转动惯量；

　　　　　f——系统的等效黏性摩擦系数；

　　　　　K——积分调节系统的开环增益。

比较式（7-24）和式（7-25）可知，用反馈较正后，系统的阻尼（由分母中第二项的系数决定）增加了，因而阻尼比 ξ 增大，超调量 M_p 减小，相应的相角裕量 γ 增加，故系统的相对稳定性得到改善。

通常，局部反馈校正的设计方法比串联校正复杂一些。但是，它具有两个主要优点：第一，反馈校正所用信号的功率水平较高，不需要放大，这在实用中有很多优点；第二，如图7-6所示，当 $|G(s)H(s)| \gg 1$ 时，局部反馈部分的等效传递函数为

$$\frac{G(s)}{1 + G(s)H(s)} \approx \frac{1}{H(s)} \tag{7-26}$$

图7-6　局部反馈校正框图

因此，被局部反馈所包围部分的元件的非线性或参数的波动对控制系统性能的影响可以忽略。基于这一特点，采用局部速度反馈校正可以达到改善系统性能的目的。

（三）进给传动系统弹性变形对系统特性的影响

在进给传动系统中，工作台、电动机、减速箱、各传动轴都有不同程度的弹性变形，并具有一定的固有谐振频率，它们的物理模型可简化为质量块－弹簧系统。对于一般要求不高且控制系统的频带也比较窄的进给传动系统，只要设计的刚度较大，系统的谐振频率通常远大于闭环上限频率，故系统谐振问题并不突出。随着科学技术的发展，对控制系统精度和响应快速性的要求越来越高，这就必须增大控制系统的频带宽度，从而可能导致进给传动系统谐振频率逐渐接近控制系统的带宽，甚至可能落到带宽之内，使进给传动系统产生自激振动而无法工作，或使机构损坏。

在滚珠丝杠构成的进给传动系统内，丝杠螺母机构的刚度是影响机电一体化系统动态特性最薄弱的环节，丝杠螺母机构的拉压刚度（又称纵向刚度）和扭转刚度分别是引起机电一体化系统纵向振动和扭转振动的主要因素。为了保证所设计的进给传动系统具有较好的快速响应性和较小的跟踪误差，并且不会在变化的输入信号激励下产生共振，必须对它的动态特性加以分析，找出影响系统动态特性的主要参数。

1. 进给传动系统的综合拉压刚度计算

进给传动系统的综合拉压刚度是影响死区误差（又称失动量）的主要因素之一。增大进给传动系统的刚度可以使进给传动系统的失动量减小，有利于提高传动精度，提高进给传动系统的固有频率，使进给传动系统不易发生共振，可以增加闭环控制系统的稳定性。但是，随着刚度的提高，进给传动系统的转动惯量、摩擦力和成本相应增加。因此，设计时要综合考虑，合理确定进给传动系统各部件的结构和刚度。

在进给传动系统中，丝杠螺母机构是刚度较薄弱的环节，因此进给传动系统的综合拉压刚度主要取决于丝杠螺母机构的综合拉压刚度。

丝杠螺母机构的综合拉压刚度主要由丝杠本身的拉压刚度 K_s、丝杠螺母机构的轴向接触刚度 K_N、以及轴承和轴承座的支承刚度 K_B 三个部分组成。

（1）丝杠本身的拉压刚度 K_s。丝杠本身的拉压刚度与其几何尺寸和轴向支承形式有关，可按下式计算。

一端轴向支承时，

$$K_s = \frac{\pi d_s^2 E}{4l} \tag{7-27}$$

当 $l=L$ 时，

$$K_s = K_{s\min}$$

两端轴向支承时，

$$K_s = \frac{\pi d_s^2 E}{4}\left(\frac{1}{l} + \frac{1}{L-l}\right) \tag{7-28}$$

当 $l=L/2$ 时，

$$K_s = K_{s\min}$$

上两式中：K_s——丝杠本身的拉压刚度（N/m）；

d_s——丝杠的直径（m）；

l——受力点到支承端的距离（m）；

L——两支承间的距离（m）；

E——拉压弹性模量（N/m^2）。

（2）丝杠螺母机构的轴向接触刚度 K_N。丝杠螺母机构在特定载荷下的轴向接触刚度 K 可直接从产品样本查得，直接应用，即 $K_N = K$，如果实际载荷与特定载荷相差较大，可按下式进行修正。

丝杠螺母机构无预紧时，

$$K_N = K \left(\frac{F_X}{0.3C_a} \right)^{\frac{1}{3}} \tag{7-29}$$

丝杠螺母机构有预紧时，

$$K_N = K \left(\frac{F_X}{0.1C_a} \right)^{\frac{1}{3}} \tag{7-30}$$

上两式中：　K_N——丝杠螺母机构的轴向接触刚度（N/m）；

K——丝杠螺母机构在特定载荷下的轴向接触刚度（N/m）；

F_X——轴向工作负载（N）；

C_a——额定动载荷（N）。

（3）轴承和轴承座的支承刚度 K_B。不同类型的轴承，支承刚度不同，可按下列各式分别计算。

51000 型推力球轴承：

$$K_B = 1.91 \times 10^7 \times \sqrt[3]{d_b Z^2 F_x} \tag{7-31}$$

80000 型推力滚子轴承：

$$K_B = 3.27 \times 10^9 \times l_u^{0.8} Z^{0.9} F_x^{0.1} \tag{7-32}$$

30000 型圆锥滚子轴承：

$$K_B = 3.27 \times 10^9 \times l_u^{0.8} Z^{0.9} F_x^{0.1} \sin^{1.9}\beta \tag{7-33}$$

23000 型推力角接触球轴承：

$$K_B = 2.29 \times 10^7 \times \sin\beta \sqrt[3]{d_b Z^2 F_x \sin^2\beta} \tag{7-34}$$

上四式中：　K_B——轴承和轴承座的支承刚度（N/m）；

d_b——滚动体的直径（m）；

Z——滚动体的数量；

F_x——轴向工作负载（N）；

l_u——滚动体有效接触长度（m）；

β——轴承接触角（°）。

对于推力球轴承和推力角接触球轴承，当预紧力为最大轴向工作负载的 1/3 时，轴承和轴承座的轴承刚度 K_B 增加一倍且与轴向工作负载呈线性关系；对于圆锥滚子轴承，当预紧力为最大轴向工作负载的 1/2.2 时，轴承和轴承座的轴承刚度 K_B 增加一倍且与轴向工作负载呈线性关系。

（4）丝杠螺母机构的综合拉压刚度 K_o。丝杠螺母机构的综合拉压刚度 K_o 与轴向支承形式及轴承是否预紧有关。在 K_N、K_B、K_S 分别计算出来之后，可分别按下列各式计算。

一端轴向支承：

$$\begin{cases} \dfrac{1}{K_{0\min}} = \dfrac{1}{2K_B} + \dfrac{1}{K_N} + \dfrac{1}{K_{S\min}}（预紧时）\\[3mm] \dfrac{1}{K_{0\min}} = \dfrac{1}{K_B} + \dfrac{1}{K_N} + \dfrac{1}{K_{S\min}}（未预紧时） \end{cases} \quad (7-35)$$

两端轴向支承：

$$\begin{cases} \dfrac{1}{K_{0\min}} = \dfrac{1}{4K_B} + \dfrac{1}{K_N} + \dfrac{1}{4K_{S\min}}（预紧时）\\[3mm] \dfrac{1}{K_{0\min}} = \dfrac{1}{2K_B} + \dfrac{1}{K_N} + \dfrac{1}{K_{S\min}}（未预紧时） \end{cases} \quad (7-36)$$

其中一端轴向支承和两端轴向支承的 $K_{S\min}$ 分别由式（7-27）和式（7-28）计算。

2. 进给传动系统的扭转刚度计算

进给传动系统的扭转刚度对定位精度的影响较拉压刚度对定位精度的影响要小得多，一般可以忽略。但是，若进给传动系统使用细长丝杠螺母机构，则扭转刚度的影响不能忽略，因为扭转引起的变形会使轴向移动量产生滞后。

以图7-7为例来讨论机械传动系统的扭转变形和刚度。设电动机转矩为 T_M，轴 I 、II 承受的转矩分别为 T_1 和 T_2，弹性扭转角分别为 θ_1 和 θ_2，扭转刚度分别为 K_1 和 K_2。

图7-7 直流伺服电动机驱动全闭环控制系统

（1）进给传动系统的弹性扭转变形的计算。根据弹性变形的胡克定律，轴的弹性扭转角 θ 正比于其所受的扭转力矩 T，即

$$\theta = \frac{T}{K} = \frac{32Tl}{\pi d^4 G} \quad (7-37)$$

式中：K——轴的扭转刚度（N·m/rad）；

　　　G——剪切弹性模量（Pa），碳钢 $G=8.1\times10^{10}$Pa；

　　　l——力矩作用点间的距离（轴变形长度，m）；

　　　d——轴的直径（m）。

当已知轴的尺寸和受力情况时，便可计算出各轴的弹性扭转角 θ_1 和 θ_2，将它们折算到丝杠轴Ⅱ上，总等效弹性扭转角 θ_{ed}^s 为

$$\theta_{ed}^s =\theta_2 + \frac{\theta_1}{i} \tag{3-38}$$

（2）扭转刚度的计算。由式（7-37）知扭转刚度 K 为

$$K = \frac{\pi d^4 G}{32} \tag{3-39}$$

因为

$$T_1 = T_M$$

折算到丝杠轴Ⅱ上的等效转矩为

$$T_{ed}^s = T_2 = T_1 \cdot i$$

由式（7-37）和式（7-38）得折算到丝杠轴Ⅱ上的等效弹性扭转角 θ_{ed}^s 为

$$\theta_{ed}^s =\theta_2 + \frac{\theta_1}{i} = \frac{T_2}{K_2} + \frac{T_1}{K_1 i} = T_{ed}^s\left(\frac{1}{K_2} + \frac{1}{K_1 \cdot i^2}\right) = \frac{T_{ed}^s}{\dfrac{1}{\dfrac{1}{K_2} + \dfrac{1}{K_1 \cdot i^2}}} \tag{7-40}$$

所以折算到丝杠轴Ⅱ上的等效扭转刚度 K_{ed}^s 为

$$K_{ed}^s = \frac{1}{\dfrac{1}{K_2} + \dfrac{1}{K_1 \cdot i^2}} \tag{7-41}$$

3. 纵向振动固有频率计算

在分析进给传动系统的纵向振动时，可以忽略电动机和联轴器的影响，此时由丝杠螺母机构和移动部件构成的纵向振动系统可以简化成图7-8所示的动力学模型，它的平衡方程为

$$m_d \frac{d^2y}{dt^2} + f\frac{dy}{dt} + K_0(y-x) = 0 \tag{7-42}$$

式中：m_d——丝杠螺母机构和移动部件的等效质量（kg）；

　　　f——运动导轨的黏性阻尼系数；

　　　K_0——丝杠螺母机构的综合拉压刚度；

　　　y——移动部件的实际位移（mm）；

　　　x——电动机的转角折算到移动部件上的等效位移，即指令位移（mm）。

对式（7-42）进行拉氏变换并整理，得到系统的传递函数为

$$G(s) = \frac{Y(s)}{X(s)} = \frac{K_0}{m_d s^2 + fs + K_0} \tag{7-43}$$

图 7-8　丝杠螺母机构-工作台纵向振动系统的简化动力学模型

将式（7-43）化成二阶系统的标准形式，得

$$G(s) = \frac{Y(s)}{X(s)} = \frac{K_0}{s^2 + 2\xi\omega_{nc}s + \omega_{nc}^2} \qquad (7-44)$$

即系统纵向振动的固有频率 ω_{nc} 为

$$\omega_{nc} = \sqrt{\frac{K_0}{m_d}} \qquad (7-45)$$

系统的纵向振动的阻尼比 ξ 为

$$\xi = \frac{f}{2\sqrt{m_d K_0}} \qquad (7-46)$$

4. 扭转振动固有频率计算

在机电一体化系统设计中，往往感兴趣的是机械传动系统的扭转振动固有频率。下面就图 7-7 所示系统扭转振动频率的求法进行分析。在分析扭转振动时，还应考虑电动机和减速器的影响，将其反映在丝杠扭转振动的系统中。系统的动力学方程可表达为

$$J_{ed}^{s} \frac{d^2\theta}{dt^2} + f_s \frac{d\theta}{dt} + K_{ed}^{s}\left(\theta - \frac{1}{i}\theta_1\right) = 0 \qquad (7-47)$$

其中，

$$J_{ed}^{s} = J_1 i^2 + J_2 + m_1\left(\frac{S}{2\pi}\right)^2 \qquad (7-48)$$

$$K_{ed}^{s} = \frac{1}{\dfrac{1}{K_2} + \dfrac{1}{K_1 \cdot i^2}} \qquad (7-49)$$

$$f_s = \left(\frac{S}{2\pi}\right)^2 f$$

上述式中：J_{ed}^{s}——机械传动系统折算到丝杠轴 Ⅱ 上的总等效转动惯量（kg·m²）；

　　　　　K_{ed}^{s}——机械传动系统折算到丝杠轴 Ⅱ 上的总等效扭转刚度（N·m/rad）；

　　　　　J_1——轴 Ⅰ 及其上齿轮的转动惯量（kg·m²）；

　　　　　J_2——轴 Ⅱ 及其上齿轮的转动惯量（kg·m²）；

　　　　　K_1——电动机轴的扭转刚度（N·m/rad）；

K_2——丝杠轴的扭转刚度（N·m/rad）；

f——运动导轨的黏性阻尼系数；

f_s——丝杠转动的等效黏性阻尼系数；

i——减速器传动比；

θ——丝杠转角（rad）；

θ_1——电动机的转角，即指令转角（rad）；

S——丝杠的导程（m）；

m_1——工作台的质量（kg）。

设移动部件的直线位移为 x，由于

$$\theta = \frac{2\pi x}{S}$$

将它带入式（7-47）得

$$J_{ed}^s \frac{d^2 x}{dt^2} + f_s \frac{d\theta}{dt} + K_{ed}^s x = \frac{S K_{ed}^s}{2\pi i}\theta_1 \qquad (7-50)$$

对式（7-50）进行拉氏变换并整理得到系统的传递函数如下。

$$G(s) = \frac{Y(s)}{X(s)} = \frac{S}{2\pi i} \cdot \frac{\omega_{nt}^2}{s^2 + 2\xi\omega_{nt}s + \omega_{nt}^2} \qquad (7-51)$$

即系统扭转振动的固有频率 ω_{nt} 为

$$\omega_{nt} = \sqrt{\frac{K_{ed}^s}{J_{ed}^s}} \qquad (7-52)$$

系统扭转振动的阻尼比 ξ 为

$$\xi = \frac{f_s}{2\sqrt{J_{ed}^s K_{ed}^s}} \qquad (7-53)$$

5. 减小或消除结构谐振的措施

工程上常采取以下几项措施来减小或消除结构谐振。

（1）提高传动刚度。提高传动刚度可提高系统的谐振频率，使系统的谐振频率处在系统的通频带之外，一般使 $\omega_n \geqslant (8\sim10)\omega_c$，$\omega_c$ 为系统的截止频率。由式（7-44）和式（7-51）知，进给传动系统是一个二阶振荡系统，并且在形式上扭转振动系统与纵向振动系统的传递函数仅差一比例系数，影响系统动态特性的主要因素是系统的惯性、刚度和阻尼。因此，提高传动系统谐振频率的根本办法是增加传动系统的刚度、减小负载的转动惯量和采用合理的结构布置。例如，选用弹性模量高、密度小的材料。增加传动系统的刚度主要是加大传动系统最后几根轴的刚度，因为末级轴的刚度对等效刚度的影响最大，常采用消隙齿轮或无齿轮传动装置，因为齿轮传动中齿隙会降低系统的谐振频率。减小惯性元件之间的距离也是提高传动系统刚度的一个措施。但增大传动系统的刚度往往导致传动系统的结构尺寸加大，而且惯性也不是越小越好，通常希望按动力方程来进行匹配，一般机电一体化系统按 $\omega_n > 300$ rad/s 来设计刚度。

（2）提高系统阻尼。机械系统本身的阻尼是很小的，通常采用黏性联轴器，或在负载端设置液压阻尼器（或电磁阻尼器）来提高系统的阻尼。这都可明显提高系统的阻尼。如果系统的谐振频率不变，将阻尼比提高 10 倍，则系统的带宽也可提高 10 倍。由式（7-46）和式（7-53）可知，加大黏性阻尼系数 f，即增大阻尼比 ξ，能有效地减小振荡环节的谐振峰值。只要使阻尼比 $\xi \geq 0.5$，机械谐振对系统的影响就会被大大削弱。

但要注意，系统阻尼对系统动态特性的影响比较复杂，如果系统阻尼较大，将不利于系统定位精度的提高，容易降低系统的快速响应性，但可以提高系统的稳定性，减小过渡过程中的超调量，并减小振动响应的幅值。目前，许多进给系统采用了滚动导轨。实践证明，滚动导轨可以减小摩擦系数，提高定位精度和低速运动的平稳性，但阻尼较小，常使系统的稳定性裕度减小。所以，在采用滚动导轨结构时，应注意采用其他措施来控制系统阻尼的大小。

（3）采用校正网络。可在系统中串联图 7-9 所示的反谐振滤波器校正网络来减小或消除结构谐振。该网络的传递函数为

$$G(s) = \frac{\tau_1 \tau_2 s^2 + (\tau_1 + \tau_2)s + 1}{\tau_1 \tau_2 s^2 + (\tau_1 + \tau_{12} + \tau_2)s + 1} \tag{7-54}$$

式中，$\tau_1 = mRC$，$\tau_2 = nRC$，$\tau_{12} = RC$。

图 7-9　桥式 T 形微分网络

图 7-10 所示为该网络的频率特性。在图 7-10 中，

$$\begin{cases} \omega_0 = \sqrt{\dfrac{1}{\tau_1 \tau_2}} \\[2mm] d = \dfrac{\tau_1 + \tau_{12}}{\tau_1 + \tau_{12} + \tau_2} \\[2mm] b = 2(\tau_1 + \tau_{12} + \tau_2)\sqrt{1 - 2d^2} \end{cases} \tag{7-55}$$

由图 7-10 可知，该网络的频率特性有一凹陷处，将此处对准系统的结构谐振频率，就可抵消或削平结构谐振峰值。

（4）应用综合速度反馈。在低摩擦系统中，谐振的消除可以通过测速发电机电压与正比于电动机电流的综合电压来实现。这个综合电压由电容器滤波后，用作速度反

图 7-10　桥式 T 形微分网络的频率特性

馈信号，如图 7-11 所示。测速发电机电压 u_T 正比于电动机的输出转速，即

$$u_T = K_e \omega \tag{7-56}$$

式中：K_e——测速发电机的电势系数。

图 7-11　综合速度反馈

当摩擦忽略不计时，电动机的电压正比于角加速度，从而可以写出

$$u_s = A \frac{d\omega}{dt} \tag{7-57}$$

式中，$A = R_s J_L / K_T$。

此时，已给电路在节点 u_0 处的拉氏变换方程式为

$$\frac{U_s(s) - U_0(s)}{aR} + \frac{U_T(s) - U_0(s)}{(1 - \alpha)R} - C_s U_0(s) = 0 \tag{7-58}$$

对式（7-56）和式（7-57）进行拉氏变换，并与式（7-58）联立求解，得

$$U_0(s) = \frac{sA(1 - \alpha) + aK_e}{a(1 - \alpha)sRC + 1} \Omega(s) \tag{7-59}$$

为使 $U_0(s)$ 正比于 $\Omega(s)$，要求极点和零点两者有相同的数值，即

$$a^2 = \frac{A}{K_e RC} = \frac{R(s)J_L}{K_e K_T RC} \tag{7-60}$$

这可以通过调节电位计来实现。将 α 值代入式（7-59），此时

$$U_0(s) = aK_e\Omega(s))\qquad(7-61)$$

即电压 $U_0(s)$ 正比于角速度 $\Omega(s)$。应用综合速度进行速度反馈是有利的。因为，在这种情况下，测速发电机电压和正比于电动机电流的综合电压，可以使结构谐振的影响降低到最低程度。但是，这种反馈也有不利的一面，那就是反馈的速度信号与转速不完全成正比，因此对速度调节不利，特别是在负载摩擦阻尼显著时这种不利更为明显。

值得注意的是，实际机电一体化系统的传动装置较复杂，结构谐振频率和谐振峰值不止一个，而且系统的参数也可能变化，使谐振频率不能保持恒定，再加上受传动装置传动间隙、干摩擦等非线性因素的影响，实际的结构谐振特性十分复杂。用校正（或补偿）方法只能近似地削弱结构谐振对伺服系统的影响。对于负载惯量大的伺服系统，由于其谐振频率低，严重影响获得系统应有的通频带，若对系统进行全状态反馈，则可以任意配置系统的极点，特别是针对结构谐振这一复极点进行阻尼的重新配置，可以有效地克服结构谐振现象的出现。

（四）进给传动系统的运动误差分析

在开环和半闭环控制的进给传动系统中，由于系统的执行部件上没有安装位置检测和反馈装置，故系统的输入与输出之间总会有误差存在。在这些误差中，有传动元件的制造和安装所引起的误差，还有伺服机械传动系统的动力参数（如刚度、惯量、摩擦力和间隙等）所引起的误差。设计进给传动系统时，必须将这些误差控制在允许的范围之内。

1. 机械传动间隙

在机电一体化系统的伺服系统中，常利用机械变速装置将动力元件输出的高转速、低转矩转换成被控对象所需的低转速、大转矩。应用较为广泛的变速装置是齿轮减速器。理想齿轮传动的输入转角和输出转角之间是线性关系，即

$$\theta_c = \frac{1}{i}\theta_r\qquad(7-62)$$

式中： θ_c——输出转角（rad）；

θ_r——输入转角（rad）；

i——齿轮减速器的传动比。

实际上，由于减速器的主动轮和从动轮之间侧隙的存在和传动方向的变化，齿轮传动的输入转角和输出转角之间呈滞环特性。如图7-12所示，2Δ 代表一对传动齿轮间的总侧隙。当 $\theta_r \leq \Delta/R_1$ 时；$\theta_c=0$，当 $\theta_r>\Delta/R_1$，θ_c 随 θ_r 线性变化；当 θ_r 反向时，开始 θ_c 保持不变，直到 θ_r 转动 $2\Delta/R_1$ 后，θ_c 和 θ_r 才恢复线性关系。

在进给传动系统的多级齿轮传动中，各级齿轮间隙的影响是不相同的。设有一传动链，为三级传动，R 为输入轴，C 为输出轴，各级传动比分别为 i_1、i_2、i_3，齿侧间隙分别为 Δ_1、Δ_2、Δ_3，如图7-13所示。因为每一级的传动比不同，所以各级齿轮的

图 7-12　齿侧间隙

传动间隙对输出轴的影响不一样。将所有的传动间隙都折算到输出轴 C 上，系统总间隙 Δ_c 为

$$\Delta_c = \frac{\Delta_1}{i_1 i_2} + \frac{\Delta_2}{i_3} + \Delta_3 \qquad (7-63)$$

图 7-13　三级齿轮传动

如果将所有传动间隙折算到输入轴 R 上，系统总间隙 Δ_r 为

$$\Delta_r = \Delta_1 + i_1 \Delta_2 + i_1 i_2 \Delta_3 \qquad (7-64)$$

由于是减速运动，所以 i_1、i_2、i_3 均大于 1，故由式（7-63）、式（7-64）可知，最后一级齿轮的传动间隙 Δ_3，影响最大。为了减小间隙的影响，除尽可能地提高齿轮的加工精度外，装配时还应尽量减小最后一级齿轮的传动间隙。

2. 传动间隙的影响

齿轮传动装置在系统中的位置不同，其间隙对伺服系统的影响也不同。

（1）闭环之内的机械传动链齿轮间隙影响系统的稳定性。设图 7-14 中的 G_2 代表闭环之内的机械传动链。若给系统输入一阶跃信号，在误差信号的作用下，电动机开始转动。由于 G_2 存在齿轮传动间隙，当电动机在齿隙范围内运动时，被控对象（设为机床伺服进给系统的丝杠）不转动，没有反馈信号，系统暂时处于开环状态。当电动机转过齿隙后，主动轮与从动轮产生冲击接触，此时误差角大于无齿轮间隙时的误差角，因此从动轮以较高的加速度转动。又因为系统具有惯量，当输出转角 θ_c 等于输入转角 θ_r 时，被控对象不会立即停下来，而靠惯性继续转动，使被控对象比无间隙时更多地冲过平衡点，这又使系统出现较大的反向误差。如果间隙不大，且系统中控制器设计得合理，那么被控对象摆动的振幅就越来越小，来回摆动几次就停止在平衡位

置（$\theta_c = \theta_r$）上。如果间隙较大，且控制器设计得不好，那么被控对象就会反复摆动，即产生自激振荡。因此，闭环之内机械传动链 G_2 中的齿轮传动间隙会影响伺服系统的稳定性。

图 7-14　传动间隙在闭环内的结构图

但是，G_2 中的齿轮传动间隙不会影响系统的精度。被控对象受到外力矩的干扰时，可在齿轮传动间隙范围内游动，但只要 $\theta_c \neq \theta_r$，通过反馈作用，就会有误差信号存在，从而将被控对象校正到所确定的位置上。

（2）反馈回路上的机械传动链齿轮传动间隙既影响系统的稳定性又影响系统的精度。设图 7-14 中反馈回路上的机械传动链 G_3 具有齿轮传动间隙，该间隙相当于反馈到比较元件上的误差信号。在平衡状态下，输出量等于输入量，误差信号等于零。当被控对象（在外力的作用下）的转动不大于 $\pm\Delta$ 时，由于有齿轮传动间隙，连接在 G_3 输出轴上的检测元件仍处于静止状态，无反馈信号，当然也无误差信号，所以控制器不能校正此误差。被控对象的实际位置和希望位置最多相差 $\pm\Delta$，这就是系统误差。

G_3 中的齿轮传动间隙不仅影响系统的精度，也影响系统的稳定性，且对系统稳定性影响的分析方法与分析 G_2 中的齿轮传动间隙对系统稳定性影响的方法相同。

由于齿轮传动间隙既影响系统的稳定性，又影响系统的精度，目前高精度的机电一体化系统一般都采用消隙齿轮传动系统，利用消隙结构消除齿轮传动间隙。因此，在计算失动量和进给传动系统定位误差时，可以不考虑齿轮间隙的影响。

3. 伺服机械传动系统的死区误差 Δx

死区误差又称失动量，是指启动或反向时，系统的输入运动与输出运动之间的差值。产生死区误差的主要原因是机械传动机构的间隙、机械传动机构的弹性变形以及动力元件的启动死区（又称不灵敏区）。在一般情况下，由动力元件的启动死区所引起的工作台死区误差相对很小，可以忽略不计。

如果系统没有采取消隙措施，那么由齿侧间隙引起的工作台位移失动量 Δx_1 较大，不能忽略。设图 7-13 中的输出轴 C 为丝杠（由于丝杠螺母机构传动间隙很小，传动误差可以忽略），齿轮传动总间隙 Δ_c 引起丝杠转角误差 $\Delta\theta$，则由 $\Delta\theta$ 引起的工作台位移失动量 Δx_1 为

$$\Delta x_1 = \frac{S \cdot \Delta\theta}{2\pi} = \frac{S \cdot \Delta_c}{2\pi R_c} = \frac{S \cdot \Delta_c}{\pi m_1 z_c} \tag{7-65}$$

式中：S——丝杠的导程（mm）；

　　　z_c——丝杠轴上传动齿轮的齿数（mm）；

m_1——齿轮模数；

R_c——丝杠轴上传动齿轮分度圆的半径，$R_c = m_1 z_c / 2$（mm）。

由丝杠轴的总等效弹性扭转角 θ_{eq}^s 引起的工作台失动量 Δx_2 为

$$\Delta x_2 = \frac{S \cdot \theta_{eq}^s}{2\pi} \tag{7-66}$$

启动时，导轨摩擦力（空载时）使丝杠螺母机构产生轴向弹性变形，轴向弹性变形引起的工作台位移失动量 Δx_3 为

$$\Delta x_3 = \frac{F}{K_{0min}} \tag{7-67}$$

式中：F——导轨的静摩擦力（N）；

K_{0min}——丝杠螺母机构（进给传动系统）的最小综合拉压刚度（N/m）。

因此，

$$\Delta x = \Delta x_1 + \Delta x_2 + \Delta x_3 \tag{7-68}$$

启动时（空载），由系统弹性扭转角引起的工作台失动量 Δx_2 一般很小，可以忽略不计。如果系统采取了消除传动间隙的措施，由传动机构间隙引起的死区误差也可以大大减小，则系统死区误差主要取决于传动机构为克服导轨摩擦力（空载时）而产生的轴向弹性变形。

执行部件反向运动时的最大反向死区误差为 $2\Delta x$。

为了减小系统的死区误差，除应消除传动间隙外，还应采取措施减小摩擦力，提高系统的刚度和固有频率。对于开环伺服系统，为了保证单脉冲进给要求，应将死区误差控制在一个脉冲当量以内。

4. 进给传动系统综合刚度变化引起的定位误差

影响系统定位误差的因素很多，但是由进给传动系统综合拉压刚度变化引起的定位误差是最主要的因素。当系统执行部件处于行程的不同位置时，进给传动系统综合拉压刚度是变化的。由进给传动系统综合拉压刚度变化引起的最大定位误差可用式（7-69）确定。

$$\delta_{Kmax} = F_t \left(\frac{1}{K_{0min}} - \frac{1}{K_{0max}} \right) \tag{7-69}$$

式中：δ_{Kmax}——最大定位误差（m）；

F_t——进给方向最大工作负载（N）；

K_{0max}——进给传动系统的最大综合拉压刚度（N/m）。

对于开环和半闭环控制的进给传动系统，δ_{Kmax} 一般应控制在系统允许定位误差的 $1/5 \sim 1/3$ 范围内，即 $\delta_{Kmax} \leq (1/5 \sim 1/3)\delta$，$\delta$ 为系统允许的定位误差。

第二节　四摆臂六履带机器人系统设计

伴随德国"工业 4.0"在全球掀起新一轮的工业革命，我国也在大力推行"中国

制造2025"发展战略，使机器人迎来了前所未有的发展机遇及挑战，同样也推动着各类机器人的大力发展。目前，与地面上的机器人相关的技术已经很发达，机器人的智能化程度也非常高。在机器人的研制中因橡胶履带具有抗振性好、牵引力大、速度高、噪声低、耐磨损、质量轻、不损坏路面、使用寿命长、防爆及耐高温的特点，橡胶履带式结构的机器人被广泛采用。例如，履带机器人逐渐扩展到月球环境、战场环境等复杂地面环境。在这些复杂环境下，机器人的行走控制主要采用传感检测、信息融合、远程通信等关键技术，以实现机器人的智能控制。常用的传感器有里程计、摄像系统、激光雷达、超声波传感器、红外传感器、陀螺仪、速度或加速度计、触觉或接近觉传感器等。本节将对四摆臂六履带机器人的本体结构、控制系统及检测系统进行设计。

一、四摆臂六履带机器人总体设计

（一）总体设计需求分析

四摆臂六履带机器人能在复杂环境中自如运行，并探测、采集信息。机器人所面对的地形主要有台阶地形、沟壑地形、斜坡地形等，因此机器人机构系统需要有足够多的运动关节，以实现多姿态变化。机器人机身上还应当有足够的传感检测及通信系统，即机器人机械系统要留有足够的空间来放置各种电子器件，如无线通信设备、姿态检测传感器、环境信息传感器及机器人本体控制系统。为了保证机器人的续航能力，机器人的本体结构不宜过大，同时还应当有独立供电的动力系统。

根据设计要求，机器人机械结构应具有以下几个特点。

（1）探测机器人质量最小化，但具有一定的强度。

（2）结构功能多样化，以适应各种复杂环境。

（3）动态性能好，能保证其行走平稳。

（4）具有一定的防雨、防尘、防爆、防振等特殊能力。

（5）具备自主导航与路径规划的能力。

（6）适应远距离无线数据传输的要求。

（二）四摆臂六履带机器人机械系统设计

适应各种复杂环境，在多种路面下自主行走，具有一个良好稳定的越障性能，是机器人实现功能的最基本的保障。机器人主要部件有车体、摆臂装置、履带行走机构、传动装置、控制系统、无线通信系统等组成。四摆臂六履带机器人主要由前左摆臂系统、前右摆臂系统、后左摆臂系统、后右摆臂系统及机器人本体组成，如图7-15所示。机器人由锂电池作动力源，锂电池为六台伺服电动机提供动力，其中有两台伺服电动机是为机器人行走提供动力的主电动机，其余是为完成各种姿态变化而单独控制的四台摆臂电动机。

履带机器人采用套筒轴结构，使四个摆臂系统的旋转运动与两条行走履带的旋转运动相分离，以实现多姿态变化。机器人可以随时根据地形的变化来调整自身姿态，

图 7-15　四摆臂六履带机器人实物图
1—后左摆臂系统；2—前左摆臂系统；3—机器人本体；4—前右摆臂系统；5—后右摆臂系统

同时，机器人在调整姿态时不影响正常行走。它们的传动方式为斜齿轮传动，即机器人设有六对斜齿轮传动副，其中两对与主电动机相连控制其行走运动，其余四对与摆臂电动机相连控制其各姿态控制。

（三）远程测控系统设计

以煤矿救援为例，煤矿救援机器人的主要任务就是在煤矿井下发生瓦斯爆炸后，机器人代替救护队员先进入事故发生现场，对现场的环境进行探测，并及时地将井下情况发往地面救援指挥中心。机器人具体完成以下任务：自主或者在人工干预下准确、快速地到达事故发生区域；将沿途经过区域的情况进行摄像、拍照；对事故发生地点的氧气、有害气体、易燃易爆气体的浓度和温度等环境信息进行监测；及时将监测的环境信息反馈给地面救援指挥中心，为救援的成功实施提供准确依据。

1. 传感检测系统

（1）内部传感器。内部传感器主要用于监测机器人系统内部的状态参数，以保证机器人能够快速、准确地到达事故发生地。内部传感器主要有里程计、陀螺仪及光电编码器等。

（2）外部传感器。外部传感器主要用于感知外部环境信息，如环境的温度、湿度、气体浓度、机器人与障碍物的距离等。外部传感器种类也很多，主要包括视觉传感器、激光测距传感器、超声波传感器、红外传感器、气体浓度传感器、温度传感器等。

（3）数据采集卡和调理电路。每个传感器都有各自的数据采集卡和调理电路，用于采集和处理采集到的信息。

2. 控制系统

对于功能较为齐全的智能机器人系统，计算机控制平台主要分为两种：通用计算机控制平台和嵌入式计算机控制平台。

采用双主履带进行机器人驱动时，四个摆臂为机器人跨越障碍物、上下坡等行为提供辅助作用。

3. 远程人机控制系统设计

（1）远程通信系统。

远程通信系统能够通过人工本地遥控或者远距离地面控制，实现机器人的前后左右行走、越沟和上下坡等行为和信息传输。

（2）人机控制系统。①环境探测功能。人机控制系统能够采集和处理外部的环境信息，如氧气浓度、一氧化碳浓度、瓦斯浓度和温度等。②实时图像采集功能。人机控制系统能够通过机器人所携带的摄像头来对事故地点进行录像，并将这些信息发送至地面远程操作主机。③状态检测功能。人机控制系统能对机器人的运行状态进行实时监控。

4. 测控系统方案

煤矿救援机器人测控系统主要由电源模块、环境信息检测模块、障碍物检测模块、姿态检测模块、视频监视模块以及运动控制模块等组成。煤矿救援机器人的测控系统搭建如图 7-16 所示。

图 7-16　煤矿救援机器人的测控系统搭建

二、四摆臂六履带机器人系统设计

（一）四摆臂六履带机器人动力及传动系统设计

1. 四摆臂六履带机器人传动系统的组成及工作原理

四摆臂六履带机器人传动系统结构简图如图 7-17 所示。机器人的传动系统主要分为摆臂系统及行走系统，两个传动系统相互独立。其中，机器人摆臂系统的旋转工作原理为：机器人摆臂电动机通过摆臂小锥齿轮、大锥齿轮及摆臂轴，把动力传递给摆臂外支架，以实现机器人摆臂空间 360° 旋转。机器人行走的工作原理为：机器人主电动机通过主履带小锥齿轮、大锥齿轮及套筒轴，把动力传递给主履带轮，主履带轮再通过主履带及摆臂履带把动力分别传递给从履带轮及摆臂履带轮，以实现机器人的正常行走。

图 7-17　四摆臂六履带机器人传动系统结构简图

1—摆臂外支架；2—摆臂轴；3—摆臂电动机；4—摆臂大锥齿轮；5—摆臂小锥齿轮；
6—主电动机；7—主履带小锥齿轮；8—主履带大锥齿轮；9—套筒轴；
10—主履带轮；11—主履带；12—摆臂履带；13—摆臂履带轮

2. 四摆臂六履带机器人简化模型

四摆臂六履带机器人机械系统是一个比较复杂的系统，在设计分析的前期，往往需要对机械结构初步方案的模型进行简化，以方便机器人机械系统、动力系统及检测系统的设计及选型。简化后机器人模型如图 7-18 所示。简化后各主要参数为履带机器人预估质量为 $G = 160$ kg，摆臂长度 $L = 250$ mm，带轮半径 $r = 102$ mm，锥齿直齿轮传动比 $i = 1/2$，履带机器人的检测速度 $V = 1$ km/h。

图 7-18　四摆臂六履带机器人简化模型

因此，可得机器人履带轮转速要求为

$$n_轮 = \frac{V}{2\pi r} = \frac{\dfrac{1\,000}{60}}{2\pi \times 0.102} \text{ r/min} = 26 \text{ r/min}$$

机器人主电动机的转速为

3. 主履带系统设计

（1）等效转矩计算。根据四摆臂六履带机器人本体重量、结构尺寸及路面条件可以推算出机器人负载转矩折算到电动机端的等效转矩。履带机器人行走过程中，路面条件为随机的，为保障机器人在各种路面条件下行走，机器人履带与地面的摩擦系数选取最大值 $\mu = 0.6$，锥齿轮系的传动效率为 $\eta = 96\%$，可得机器人单侧电动机端的等效静转矩为

$$T_{eq} = \frac{G}{2} \times \frac{\mu\gamma}{i\eta} = \frac{160 \times 10}{2} \times \frac{0.6 \times 0.102}{2 \times 0.96} \text{ N·m} = 25.5\text{N·m}$$

（2）等效惯性转矩（加速转矩）。由于机器人电动机的转动经过小锥齿轮、大锥齿轮再到履带轮上，因此，机身负载的转动惯量近似为

$$J_d = J_M + J_{cI} + \frac{J_{c2}}{i^2} + \frac{J_L}{i^2}$$

式中： J_M——电动机轴的转动惯量（kg·m²）；

J_{cI}——小锥齿轮的转动惯量（kg·m²）；

J_{c2}——大锥齿轮的转动惯量（kg·m²）；

J_L——履带轮的转动惯量（kg·m²）。

通过机器人单边履带受力分析，可得机器人履带轮的转动惯量为

$$J_L = \frac{1}{2}mr^2 = \frac{1}{2} \times 80 \text{ kg} \times (102 \times 10^{-3}\text{m})^2 = 0.4 \text{ kg·m}^2$$

根据机器人结构尺寸设计的大、小斜齿轮及电动机轴端的转动惯量较小，远远小于 0.4 kg·m²，在初始计算时可忽略不计。

因此，折算到电动机轴端的惯量为

$$J_d = \frac{J_L}{i^2} = 0.1 \text{ kg·m}^2$$

设计允许带轮在 0.5 s 内达到转速 n（$n = 26$ r/min），电动机角加速度计算为

$$\alpha = \frac{\Delta n}{\Delta t} \times \frac{2\pi}{60} = \frac{26 \text{ r/min}}{0.5 \text{ s}} \times \frac{2\pi}{60} = 5.4 \text{ rad/s}^2$$

由上分析可得减速箱端所需要的加速转矩为

$$T_a = J_d \times a = 5.4 \times 0.1 \text{ N·m} = 0.54 \text{ N·m}$$

因此，减速箱输出轴端所需的转矩为

$$T_{\max,\ load} = T_{eq} + T_a = 25.5 \text{ N·m} + 0.54 \text{ N·m} = 26.04 \text{ N·m}$$

（3）动力系统设计。根据机器人设计要求，并对机器人结构进行初步分析，机器人的电动机应当满足以下几点要求。①电动机适用于低转速、大扭矩场合。②电动

机结构尺寸要小。③电动机选用直流无刷电动机。④电动机要有良好的控制性能等。

由上可知，为达到相关要求，可选用功率密度较大的电动机。同时，由于直流无刷电动机的转速较大，但扭矩较小，电动机端还需要配合一个行星齿轮减速箱以组成组合电动机，以满足机器人本体结构的使用要求。

电动机主要参数如表 7-4 所示。

表 7-4　电动机主要参数

额定电压下的参数	数值	单位
额定电压	24	V
空载速度	8 670	rpm
空载电流	897	mA
额定速度	7 970	rpm
额定转矩/最大连续转矩	311	mN·m
额定电流/最大连续电流	12.5	A
堵转转矩	4 400	mN·m
启动电流	167	A
最大效率	86	%
转矩常数	26.3	mN·m/A
速度常数	364	rpm/V
速度/转矩梯度	1.98	rpm/（mN·m）
机械时间常数	4.34	ms
转子转动惯量	209	g·cm^2

电动机行星齿轮减速箱主要参数如表 7-5 所示。

表 7-5　电动机行星齿轮减速箱主要参数

参数	数值	单位
传动比	126	
转动惯量	16.4	g·cm^2
传动轴数目	3	
最大连续转矩	30	N·m
输出轴峰值转矩	45	N·m
最大效率	75	%
推荐输入速度	6 000	rpm
输出轴最大轴向载荷	200	N
输出轴最大径向载荷（法兰外 12 mm）	900	N

（4）计算校核。①转矩校核。电动机减速箱输出轴端所需的转矩为

$$T_{max,\ load} = 26.04\ \text{N} \cdot \text{m}$$

实际上，驱动器额定电流为 12 A，电动机组合连续输出转矩为

$$T = \frac{12\ \text{A}}{12.5\ \text{A}} \times 311\ \text{mN} \cdot \text{m} \times 126 \times 75\% = 28.2\ \text{N} \cdot \text{m} > T_{max,\ load}$$

因此，转矩满足要求，扭矩有 8% 富余量。②转速校核。要求电动机减速箱输出轴端的转速为 $n = 52\ \text{r/min}$。

所选电动机组合输出转速为

$$n_e = \frac{7\ 970\ \text{rpm}}{126} = 63\ \text{rpm} > n$$

车轮半径 $r = 102\ \text{mm}$，斜齿轮传动比 $i = 1/2$。

小车实际速度为

$$V_{小车实际} = n_e \times 2\pi r \times \frac{60}{i} = 63\ \text{rpm} \times 2\pi r \times \frac{60}{i} = 1.2\ \text{km/h}$$

实际最大可输出功率为

$$P = M \times n_e = 28.1\ \text{N} \cdot \text{m} \times 63\ \text{rpm} \times 2\pi/60 = 185.3\ \text{W}$$

因此，转速满足要求。③转动惯量。大惯量直流伺服电动机是相对小惯量而言的，其数值 $J_M \in (0,1,0,6)\ \text{kg} \cdot \text{m}^2$，其转矩与惯量比高于普通电动机而低于小惯量电动机，其快速性在使用上已经足够。

折算到减速箱输出轴端的惯量为

$$J_d = 0.1\ \text{kg} \cdot \text{m}^2$$

电动机组合的等效转动惯量为

$$J_M = (J_{电动机} + J_{减速箱}) \times i^2_{减速箱} = (209 + 16.4) \times 1\ 262\ \text{g} \cdot \text{cm}^2 = 0.36\ \text{kg} \cdot \text{m}^2$$

$J_d/J_M = 0.1/0.36 = 0.28 \in (0.25, 4)$，满足转动惯量要求。

注：对于采用惯量较小的直流伺服电动机的伺服系统，惯量比推荐 $J_L/J_M \in (1, 3)$。$J_L/J_M > 3$ 对电动机的灵敏度和响应时间有很大的影响，甚至使伺服放大器不能在正常调节范围内工作。小惯量直流伺服电动机的惯量低至 $J_M = 5 \times 10^{-3}\ \text{kg} \cdot \text{m}^2$，其特点是转矩与惯量比大，机械时间常数小，加速能力强，所以其动态性能好，响应快。但是，使用小惯量电动机时容易发生对电源频率的响应共振，当存在间隙、死区时容易造成振荡和蠕动，这才提出了"惯量匹配原则"，并在数控机床伺服进给系统采用大惯量电动机。

由上可知，四摆臂六履带机器人转速、转矩及转动惯量等参数满足设计要求。但要注意的是，还得考虑配套行星齿轮减速箱转速、转矩等参数也应当满足相关要求，这些参数在本书中不再详细计算。

4. 摆臂履带系统设计

（1）等效转矩计算。四摆臂六履带机器人的四个摆臂在姿态变换过程中，要求摆臂旋转速度 $n_{摆臂} = 10\ \text{rpm}$ 即可，所以对摆臂转速无要求，主要侧重摆臂电动机转矩的

确定。

摆臂电动机在工作状态下是小带轮接触地面，假设小车被 4 个摆臂支承时受力均匀，则每个摆臂承受的质量是 40 kg。机器人摆臂受力分析图如图 7-19 所示。在摆臂从水平到垂直地面的过程中，摆臂处于水平状态时，摆臂电动机承受的扭矩最大。摆臂长度 l_d = 250 mm，摆臂轮半径 r = 48 mm。

$$T_{LP} = \frac{1}{4} G l_d \cos\alpha + \mu \times \frac{1}{4} mg (l_d \sin\alpha + \gamma)$$

对方程求偏导可得，当 α = 31°时，扭矩最大，因此有

$$M_{LP} = \frac{1}{4} \times 160 \text{ kg} \times 10 \text{ N/kg} \times 250 \text{ mm} \times \cos 31° + 0.6 \times \frac{1}{4} \times 160 \text{ kg} \times$$

$$10 \text{ N/kg} \times (250 \text{ mm} \times \sin 31° + 48 \text{ mm}) = 128.2 \text{ N} \cdot \text{m}$$

图 7-19　四摆臂六履带机器人摆臂受力分析图

经 2:1 的斜齿之后：

$$T_{\text{gearpeak}}(31) = 128 \text{ N} \cdot \text{m} \div 2 \div 96\% = 66.8 \text{ N} \cdot \text{m}$$

当机器人摆臂与地面垂直时，摆臂电动机经 2:1 的斜齿之后所受扭矩为

$$M_{\text{gearpeak}}(90) = \left[\frac{1}{4} mg l_d \cos 90° + \mu \times \frac{1}{4} mg (l_d \sin 90° + r) \right] \div 2 \div 96\% = 37.2 \text{ N} \cdot \text{m}$$

（2）等效转动惯量计算。以摆臂电动机轴折算转动惯量，主要包括机身的转动惯量和摆臂的转动惯量。由于摆臂的质量远小于机身的质量，所以摆臂的转动惯量可以忽略不计。

参考折算到减速箱输出轴端的转动惯量，

$$J_d = 0.1 \text{ kg} \cdot \text{m}^2$$

（3）动力系统设计。综上所述，摆臂电动机主要考虑转矩需求，并且考虑供电电源是 24 V。摆臂电动机主要参数如表 7-6 所示，摆臂电动机行星齿轮减速箱主要参数如表 7-7 所示。

表 7-6　摆臂电动机主要参数

额定电压下的参数	数值	单位
额定电压	24	V
空载速度	5 000	rpm
空载电流	341	mA
额定速度	4 300	rpm
额定转矩/最大连续转矩	331	mN·m
额定电流/最大连续电流	7.51	A
堵转转矩	2 540	mN·m
启动电流	55.8	A
最大效率	85	%
转矩常数	45.5	mN·m/A
速度常数	210	rpm/V
速度/转矩梯度	1.98	rpm/（mN·m）
机械时间常数	4.34	ms
转子转动惯量	209	g·cm²

表 7-7　摆臂电动机行星齿轮减速箱主要参数

参数	数值	单位
传动比	236	
转动惯量	89	g·cm²
传动轴数目	3	
最大连续转矩	50	N·m
输出轴峰值转矩	75	N·m
最大效率	70	%
推荐输入速度	3000	rpm
输出轴最大轴向载荷	120	N
输出轴最大径向载荷（法兰外 12 mm）	570	N

（4）计算校核。摆臂电动机提供额定电流/最大连续电流为 7.51A<12A，在驱动器输出最大电流限制以内，故摆臂电动机组合输出的额定转矩为

$$T_G = 331 \text{ mN·m} \times 236 \times 70\% = 54.6 \text{ N·m} < T_{\text{gearpeak}}(31) = 66.8 \text{ N·m}$$

此时不满足要求。

但机器人摆臂与地面垂直时，摆臂电动机所承受的扭矩为 $T_{\text{gearpeak}}(90) = 37.2$ N·m，此时满足要求。

因此，机器人的摆臂旋转过程为变扭矩过程。此时，机器人的摆臂扭矩应该考虑

其输出轴峰值转矩，T_{gearpeak}（31）= 66.8 N·m<T_{peak} = 75 N·m，满足要求。

机器人摆臂旋转速度为 10 rpm，其从最大角度 31°旋转到摆臂与地面垂直，时间约为 1 s，因此，机器人摆臂旋转时，摆臂电动机过载时间小于 1 s。

摆臂电动机组合输出峰值转矩按 75 N·m（1 s）时，摆臂电动机电流和可持续时间计算如下。

$$I_L = \frac{M_P}{i \times \eta \times K_M} = \frac{75 \text{ N} \cdot \text{m}}{236 \times 70\% \times 45.5 \text{ mN} \cdot \text{m/A}} = 9.98 \text{ A}$$

摆臂电动机空载电流 I_o = 0.34 A，故总电流 $I_{总}$ = I_o+I_L = 0.34 A+9.98 A = 10.32 A（摆臂电动机的额定电流为 7.5 A，实际电流是额定电流的 1.4 倍），摆臂电动机电流超过额定电流需要有时间的限制，如图 7-20 所示。

图 7-20　摆臂电动机电流超过额定电流时间限制图

在环境温度 25 ℃的条件下，摆臂电动机可持续的时间为 $3\tau_w$（3 倍的绕组热时间常数），即可持续时间 t = 93 s，而摆臂时峰值转矩持续时间为 1 s 左右，因此，完全满足要求。

（二）远程测控系统设计

根据煤矿救援机器人的需求分析，要实现煤矿救援机器人的各种功能，就必须搭建出一个层次清晰、模块化、可靠性高、功能性强、灵活性好、可移植性强、可扩展性强、鲁棒性好的可搭载在煤矿救援机器人上的系统。采用分布式、模块化的思想来搭建煤矿救援机器人的测控系统。将该系统分为三个层次，即运动与执行控制层、传感与信号处理层和决策控制层。图 7-21 所示为煤矿救援机器人测控系统框图。

1. 传感与信号处理层

应用于移动机器人的传感器可分为内部传感器和外部传感器两类。内部传感器用于监测机器人系统内部状态参数，外部传感器用于感知外部环境信息。该层通过各个传感器模块对机器人的内部状态和外部环境进行监测，通过各自的调理电路和通信总线将采集到的数据上传至决策控制层的 IPC。

图 7-21　煤矿救援机器人测控系统框图

2. 决策控制层

该层采用单板机作为平台，做隔爆处理。该层的主要功能是对各个传感器的数据进行融合，然后把处理的结果转化为运动与执行控制层的命令并发送给运动与执行控制层。

3. 运动与执行控制层

该层主要由驱动器和电动机组成。决策控制层将接收到的传感与信号处理层的信息转换为运动与执行控制层的命令。控制主履带的电动机驱动器通过 CAN open 总线接收决策控制层的命令，然后驱使主电动机进行相应的动作。控制摆臂的摆臂电动机通过 RS-232 接收控制命令，从而实现摆臂的动作，调整机器人的姿态。电动机各种动作的组合就实现了机器人的前进、后退、转弯、避障、越障等行为。

通过这三个层次的协调工作，煤矿救援机器人实现了通过监测内部状态和外部环境来控制自己行为的功能。

根据煤矿救援机器人实际应用需求所设计的机器人测控系统能够按照预期的目标记录障碍物的位置、采集障碍物边沿形状和距离、机器人姿态角度、环境信息等参数，并能够通过远程遥控操作控制机器人的前进、后退和转弯等动作。系统还将摄像头所拍摄的画面上传至监控主机。系统的远程监控界面设计如图 7-22 所示。

图 7-22　煤矿救援机器人测控系统远程监控界面设计
①—机器人通信状态；②—机器人姿态信息；③—激光传感器信息；
④—视频信息；⑤—远程控制模块；⑥—自动控制模块；⑦—驱动电动机运行状态

三、基于自适应模糊神经网络的机器人路径规划方法

模糊逻辑控制简称模糊控制，是以模糊集合论、模糊语言变量和模糊逻辑推理为基础的一种计算机数字控制技术。人工神经网络（ANNs）简称为神经网络（NNs）或称作连接模型，是一种模仿动物神经网络行为特征，进行分布式并行信息处理的算法数学模型。这种网络依靠系统的复杂程度，通过调整内部大量节点之间相互连接关系，从而达到处理信息的目的。

路径规划是救援机器人实现环境探测、救援的前提条件，也是煤矿救援机器人控制的重要依据。将模糊控制和神经网络这两种技术结合起来，利用神经网络引入学习机制，为模糊控制器提取模糊控制规则及隶属函数，可使整个系统成为自适应模糊神经网络系统。

假设救援机器人测量障碍物的测距传感器的输入变量定义为 6 个，分别用 L 表示左方障碍物距离信息、R 表示右方障碍物距离信息、LF 表示左前方障碍物距离信息、RF 表示右前方障碍物距离信息、F 表示前方障碍物距离信息、T 表示目标方向的角度信息，输出变量定义为 2 个，分别用 Z、Y 表示移动机器人左右轮的速度。网络结构采用 5 层结构如图 7-23 所示。

第 1 层是输入层，输入节点用 $X = (x_1, x_2, x_3, x_4, x_5, x_6)$ 表示，依次与输入

变量 L、LF、F、RF、R、T 连接，该层负责将输入变量值传送到第 2 层。

第 2 层为隶属函数层，其中的每个节点代表一个语言变量值，该层节点数是每个输入变量的模糊子集的和。它的作用是计算各输入分量属于各模糊子集的隶属度，隶属函数采用高斯函数，可表示为

$$\mu_i^j = e^{-\frac{(x_i - c_{ij})^2}{\sigma_{ij}^2}} \ (i = 1, \ 2, \ \cdots, \ 6; \ j = 1, \ 2, \ \cdots, \ s_i)$$

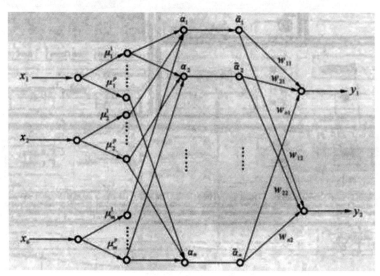

图 7-23 自适应模糊神经网络的结构图

μ_i^j 表示第 i 个输入变量对应的第 j 个模糊子集的隶属度，c_{ij} 表示第 i 个输入节点的第 j 个模糊子集的隶属函数中心，σ_{ij}^2 表示隶属函数的宽度，s_i 表示第 i 个节点的模糊子集数。

第 3 层称为推理层，每个节点代表一条模糊控制规则，该层可根据前一层的相关各隶属度连乘得到每条模糊控制规则的适用度。由于采用高斯函数作为隶属函数，因此只有在输入值附近的模糊子集有较大的隶属度，其余模糊子集隶属度很小或为 0，当隶属度近似为 0 时，这样连乘之后大部分规则的适用度结果都为 0，只有少量 α_j 不为 0。

第 4 层实现归一化，节点数与第 3 层相同。

第 5 层作为输出层，完成去模糊化。去模糊化方法一般有加权平均法、平均最大隶属度法、重心法等。这里选用重心法，输出量为机器人左右轮的速度。

参 考 文 献

[1] 王丰，王志军，王鑫阁，杨杰，贺静．机电一体化技术及应用［M］．北京：机械工业出版社，2023.01.

[2] 郁志宏，高雄，王洪波．普通高等教育机电类系列教材机械原理［M］．北京：机械工业出版社，2023.01.

[3] 邵泽强．机电一体化概论［M］．北京：机械工业出版社，2023.01.

[4] 薛龙，王伟，曹莹瑜．机电系统设计［M］．北京：机械工业出版社，2022.08.

[5] 郑海明，贾桂红．机电系统工程学［M］．武汉：华中科技大学出版社，2020.12.

[6] 连潇，曹巨华，李素斌．机械制造与机电工程［M］．汕头：汕头大学出版社，2022.01.

[7] 张皓，续明进．现代机电控制工程［M］．北京：机械工业出版社，2022.06.

[8] 梁倍源，王永红，廖智如．机电一体化设备组装与调试第2版［M］．北京：机械工业出版社，2022.06.

[9] 侯玉叶，王赟，晋成龙．机电一体化与智能应用研究［M］．长春：吉林科学技术出版社，2022.04.

[10] 张国军，胡剑．机电设备装调技能第2版［M］．北京：北京理工大学出版社，2022.01.

[11] 吕栋腾．机电设备控制与检测［M］．北京：机械工业出版社，2021.07.

[12] 杨中华，王敏主．机电一体化［M］．北京：北京理工大学出版社，2021.08.

[13] 贾飞，张彤，宋柯．机电一体化工程与智能电网［M］．汕头：汕头大学出版社，2021.08.

[14] 梁全，谢基晨，聂利卫．Amesim机电一体化仿真教程［M］．北京：机械工业出版社，2021.10.

[15] 郑勇峰．机电一体化技术［M］．天津：天津科学技术出版社，2020.10.

[16] 孙进主．机电传动控制基础［M］．北京：机械工业出版社，2020.09.

[17] 葛宜元，魏天路．机电一体化系统设计第2版［M］．北京：机械工业出版社，2020.06.

[18] 袁明新，江亚峰．机电控制技术基础及创新实践［M］．北京：机械工业出版社，2020.12.

[19] 闻邦椿．机械设计手册机电一体化技术及设计［M］．北京：机械工业出版社，2020.04.

[20] 张德良．机电一体化设计与应用研究［M］．天津：天津科学技术出版

社，2020.07.

[21] 王洪国，于慧佳，刘敬斌．机电一体化技术［M］．成都：电子科技大学出版社，2019.11.

[22] 袁晓东．机电设备安装与维护［M］．北京：北京理工大学出版社，2019.09.

[23] 冯涛，陈军．机电一体化实训教程［M］．咸阳：西北农林科技大学出版社，2019.08.

[24] 高安邦，胡乃文．机电一体化系统设计及实例解析［M］．北京：化学工业出版社，2019.01.

[25] 梁荣汉，杨辉．机电一体化设备维修技术［M］．武汉：武汉大学出版社，2019.09.

[26] 赵雷，张华，杨川．机电一体化技术专业建设标准［M］．重庆：重庆大学出版社，2019.09.

[27] 陈波，张烨．机电一体化中的数字化检测与控制技术［M］．青岛：中国海洋大学出版社，2019.06.

[28] 廖连荣，刘林．机电控制技术［M］．重庆：重庆大学出版社，2018.02.

[29] 罗力渊，郝建豹，宋春华．机电一体化技术专业教学标准与课程标准［M］．成都：电子科技大学出版社，2018.01.

[30] 李琦，戴文静．机电一体化技术［M］．北京：北京航空航天大学出版社，2018.07.

[31] 龚仲华，杨红霞．机电一体化技术及应用［M］．北京：化学工业出版社，2018.09.

[32] 王姬．机电一体化概论第2版［M．．北京：高等教育出版社，2018.09.

[33] 董惠娟，石胜君，彭高亮．机电系统控制基础［M］．哈尔滨：哈尔滨工业大学出版社，2018.09.